JN111403

地震列島の原発がこの国を滅ぼす

「棄民国家」を変えるには、原発の全面廃絶しかない！

小出裕章 Koide Hiroaki

㈱産学社

まえがき

私が41年間働いた京都大学原子炉実験所を定年退職してから、2024年3月で丸9年が過ぎました。今の住まいは長野県松本市郊外で、自宅からは北アルプスの山並みが望めます。朝日とともに起きて畑仕事に精を出し、夕食時に好きな酒を嗜み、夜10時には就寝する生活を続けています。東京下町に生まれ育ち、原子炉という建物のそばで長年にわたって生活してきましたが、私はあまりに騒々しい都会暮らしやコンクリートの建物に、どうしても馴染むことができませんでした。

暑さに弱い体質もあり、退職後は涼しい場所に住みたいと思い、いくつかの候補地から松本市を選びましたが、もう1回、新しい人生を歩んでいるような気持ちにさせてくれる場所で、とても満足しています。知り合いの方には、「仙人への道の入り口にて」というメッセージを送らせてもらいましたが、間違いなく、私の体の半分はその入り口に立っているような気がします。

2011年3月に、福島第一原子力発電所の大事故が起きました。私は大学時代から京都大学原子炉実験所での研究員生活を通じて、原発の危険性を訴え続けてきました。にも拘らず、大事故が起きてしまったのです。その直接責任は「国策民営」の原子力政策を進めてきた国と電力会社（東京電力）にあります。

私自身は原子力の旗は振りませんでした。でも、ずっと原子力の場で生きてきました。その私も、多くの方々に犠牲を強いた責任から免れることはできないと思います。福島第一原発事故以後、この国がドイツのように「原発はいらない」という方向に舵を切っていれば、私は仙人の道に入ることができたはずです。でも、福島第一原発事故とその被災者の苦難を忘れたかのように、停止中の原発の再稼働、核燃料サイクルの要となる六ヶ所再処理工場の本格稼働を目指すなど、さまざまな画策を進める国の動きを視ていると本格的な仙人生活に入ることはできそうもありません。

原発は「現在」だけが危険なのではなく、運転によって生み出される「核のゴミ（放射性物質）」の中には10万年以上も消えない放射性物質が存在するだけに、「未来」も危険なのです。現在は核のゴミの処分場すら決まっていませんが、地下に埋設するのが国の方針です。しかし、活断層だらけの地震大国にとって地下に埋め棄てにすることは、大きな危険を抱えます。

未来に向かって責任を取るためには、原発の即時廃絶を実行し、現在ある核のゴミを増やさず、私たちの目が届く場所で保管するしかありません。

２０２４年元日に起きた能登半島地震によって、やはり日本列島は活断層の上に乗っているのだということを改めて強く思い知らされました。運転停止中とはいえ、地震域にあった志賀原発（北陸電力　石川県）の被害について、多くの方々が危惧を抱きました。今回はさまざまな幸運が積み重なって大事故には至らず安心しましたが、いつも運に恵まれるわけではなく、何より危険な毒物を吐き出す原発を運任せにするなど、言語道断と言わなければなりません。

畑仕事をやっていると、人間が自然をコントロールする力を持っていないことを理解できます。理解すると、自然に対し謙虚な気持ちになります。

原発は単純に言えば、ウラン燃料で沸かした湯の蒸気でタービンを動かす「湯沸かし器」ですが、人間が作ったものである以上、故障やトラブル、ミス、事故は必ず起きます。しかも、運転で生み出される核のゴミを消したり減らしたりする力を、人間は全く持っていないのです。

人間の力など、高が知れています。いつまで経っても戦争をやめられない愚かな存在です。人間の力でコントロールできない自然には謙虚に向き合い、原発のような制御不能の機械には手を出さないのが人間の知恵だと、私は思います。

生ある者、老いと死は避けられませんが、私に残されている力を原発廃絶のために使おうと思います。そのために私が積み重ねてきた経験や知識を少しでも役立てたいと思います。そして原発の廃絶が実現した時に、私は仙人の道を本格的に歩み出すことができます。

著　者

地震列島の原発がこの国を滅ぼす［もくじ］

第2章 福島第一原発事故は、国と東電による「人災」……71

第3章

たことではない／タンクに溜まる134万トン超の水は、いつまで経っても汚染水／ALPSは放射性物質の除去に、ほとんど役に立たなかった／汚染水をどんなに希釈しても、放射性物質の総量は変わらない／トリチウムは「水」と一緒だから、どんなことをしても除去できない／人間のDNAをズタズタに寸断するトリチウム

無用の長物、凍土遮水壁で喜んだのは原子力マフィアだけ／未曾有の事故を引き起こした犯人たちを、無罪放免する国／処理水を「汚染水」と投稿して、辞任した経営者がいる／燃料が熔け落ちた福島第一原発の汚染水は、大きな被害をもたらす／IAEAは「正義の味方」などではない

国と東電が決めたことに、「文句は言うな」という厚かましさ／G7環境大臣会合で、文書改ざんが明るみに／海洋放出が唯一の手段ではなかった

働く場である海を、国と東電に奪われた／漁業者の誇りを踏みにじる蛮行／原発事故関連死の責任を、誰が取るのか／廃炉作業を行う作業員の被曝状態が心配／下請け作業員に対する差別に反対する／単純な事故の原因は、東電の管理体制にある／外国人労働者も、被曝作業に従事させようとする計画

第4章 原発と核兵器は繋がっている

第5章 エネルギーをできるだけ使わない生活

ブックデザイン　佐藤健一
編集協力　有限会社リリーフジャパン
吉川健一　相田英子

第1章

危険極まりない、活断層の上の原発大国

能登半島地震では、震源地にある原発の危険性が改めてクローズアップされた

地震の巨大エネルギーを前に、人間は無力な存在

新年をおめでたいと思わなくなってから、久しく経ちます。それでも空から爆弾が降ってくることもなく、京都大学原子炉実験所を退職後、移り住んだ長野県松本市郊外の自宅で、新年を迎えたことをありがたいと思いながら過ごしていた時でした。

２０２４年元日の16時10分ごろ、マグニチュード７・６、最大震度７の地震が能登半島（石川県）で発生したのです。隣接する福井県や、富山県、さらには新潟県にも被害が及んだ大きな地震（能登半島地震）でした。

マグニチュード6の地震が発生するエネルギーは、およそ広島原爆1発分に相当します。マグニチュードの値が2増えると発生するエネルギーは１０００倍になり、広島原爆１０００発分になります。その数値にあてはめると、能登半島地震が放出したマグニチュード７・６のエネルギーは広島原爆２３０発分に相当します。福島第一原発事故を引き起こした東北地方太平洋沖地震（東日本大震災）のマグニチュードは９・０で、広島原爆3万発分のエネルギーを放

出しました。どちらにしても、すさまじいほどの地震の力ですが、人間はこれに対抗する術を持っていないのです。

しかも、全ての地震は突然襲いかかってきます。地震の予知など、かつて一度もできたことがありません。今後、発生の可能性が大きいと言われる南海トラフ地震にしても、「今後30年以内に70〜80パーセントの確率」という大雑把な予知しか示されていないのです。これでは明日起きる可能性もあるわけで、予知といっても何の役にも立たないことになってしまいます。

滋賀原発が運転停止中であったことで、大事故を免れた

能登半島地震のニュースを耳にした時に私は、震源地の近くにある志賀原子力発電所（志賀原発）のことがすぐに頭に思い浮かびました。ここには北陸電力（北電）が唯一運営する2基の原発があります。両基とも10年以上運転停止中ですが、2号機は再稼働を目指しています。10年以上にわたる運転停止期間があり、原子炉が停止中でも出し続ける核燃料の崩壊熱も運転中の1000分の1以下に減ってくれていたので、大きな事故に至りませんでした。もし運転中だったら、福島第一原発事故の二の舞になった可能性が高いと思います。原発が停まっていたことは、本当に幸運でした。

原発敷地内を走っていると言われる活断層や、海域の断層が大きく動かなかったことも幸運でした。能登半島地震では最大4メートルの地盤隆起がありましたが、もし4メートルの隆起

が原発施設を襲ったらどんな惨劇になったか、考えるだけで恐ろしくなってきます。このように、今回はいくつもの幸運に恵まれましたが、それに安心することは全くできません。志賀原発では、地震によるさまざまなトラブルが生じていたからです。たとえば3系統5回線あった外部電源のうち、1系統2回線が変圧器の油漏れにより使用不能となりました。そのうえ使用不能となったのは、最も電圧の高い50万ボルトのものでした。運転停止中でも、核燃料を冷やすプールの水を循環させて冷却し続けなければなりません。そのために必要不可欠な動力源が、外部電源なのです。

運転中であれば炉心を冷やす水と外部電源、万一の場合に備える非常用発電機は事故を防ぐ命綱です。ところが地震後の1月16日に北電が非常用発電機3台をテストしたところ、1台は動かなかったそうです。命綱が動かないことは、深刻な事態というしかありません。変圧器の油漏れについて北電は当初、3500リットル程度と発表しましたが、のちに2万リットルと訂正。さらに全量を回収したと発表されましたが、実際には一部が海に流れ出していました。

原発事故の際、住民避難の情報を判断する周辺のモニタリングポスト116カ所のうち、18カ所からデータの送信が途絶えました。モニタリングポストのデータは、志賀原発から半径30キロ圏内に暮らす約15万人の被曝を防ぎ、避難の判断をするうえで重要なものです。それらの一部が失われてしまったことは、非常に深刻な問題と言わなければなりません。

地震のたびに、原発のことを心配する生活に決別を！

　能登半島地震の震源地は、石川県珠洲（すず）市付近でした。ここには北陸電力が関西電力と中部電力の協力を得て、合計1000万キロワットに及ぶ複数の原発を作る計画がありました。1970年代に姿を現したその計画に対し、珠洲市の住民が強固で粘り強い反対運動で立ち向かった結果、北電は2003年、計画の凍結に追い込まれました。もし、珠洲原発が稼働でもしていたら、大変な事故になっていたかもしれません。珠洲市は能登半島の先端部にあり、事故が起きた際の住民避難は困難になったとも予測されます。

　今回の能登半島地震では、志賀原発事故時の住民の避難計画が絵に描いた餅であることが明らかになりました。道路が各所で寸断され、住民は逃げるに逃げられず、救援隊も現地にたどり着けない状態でした。自宅退避をしたくても、地震で家が潰されていては行き場がありません。住民を被曝から守るためには、あらかじめ避難計画を策定しておくことが必要です。しかし、全国各地の原発周辺の地域でまともな避難計画が策定された例などひとつもありません。

　その策定を県や過疎に追い込まれている自治体に押し付けるばかりで、国の機関である原子力規制委員会の山中紳助委員長は、「自然災害への対応は我々の範疇外」と責任を放棄しています。しかし、自治体が避難計画を独自に策定するのは無理だし、福島第一原発事故ではっきりしたのは、避難とは住民が生まれ育った故郷を失うということでした。つまり、「避難計画」

とは「故郷喪失計画」なのです。そんな計画を当の自治体に作らせるのが、日本というこの国です。

能登半島地震で得た教訓はいくつもありますが、何より心に刻まなければならないのは、被災地の原発が停止中だったことで事故に至らずに済んだという点です。志賀原発も柏崎刈羽原発（新潟県）も福島第一原発事故以降は全基が停止していたし、珠洲原発は住民が阻止してくれていました。

国と電力会社は、この期に及んでもまだ原発に固執し、原発の再稼働を画策しています。能登半島地震後の2月13日、東京電力の諮問機関「原子力改革監視委員会」では柏崎刈羽原発の再稼働について、「フェーズ(局面)が変わった」という発言が続出したそうです。私はてっきり、「再稼働は無理」な局面に変わったということかと思いましたが、これが全く逆で、再稼働推進の決意表明でした。地震があろうが避難計画がデタラメであろうと、何がなんでも柏崎刈羽原発を再稼働させようというわけです。実際、国や東電は再稼働の地元同意に必死になる一方、核燃料を柏崎刈羽原発7号機の炉心に装荷することを原子力規制委員会に申請して認可され、4月15日に装荷作業が始まりました。なし崩し的に既成事実を積み上げてしまえという魂胆なのでしょう。

しかし、地震の度に「原発は大丈夫か」と心配しなければならない生活は、もうやめにしたい。その方法は至極簡単です。全ての原発を即時廃絶すればいいのです。

地震大国に林立する原発は、それ自体が核兵器以上の脅威となる

どんな地震も原発事故も想定内

世界では今、約430基の原発がありますが、それを牽引してきたのは米国です。しかし米国は、100基を超えて作った原発のほぼ全てを、ほぼ地震のない東部に作りました。ヨーロッパも150基を超える原発を作りましたが、その大部分はカンブリア台地という古い強固な岩盤上にあり、地震がほとんどありません、

それに対し日本は、世界の1~2割の地震が起きるという地震大国です。この国の原発のほとんどは、活断層などを始めとする地震領域の上に建っているようなもので、いつ、どのような原発事故につながるか分かりません。分かりませんが、地震による事故が起きることは想定外のことではなく、想定内のことなのです。1995年以降、震度7（計測震度6・5以上）を記録した地震は全国で7回（能登半島地震を含む）もあります。地震が起き、原発が被害を受けることは想定内であり、だからこそ原発は無用であることを能登半島地震は教えてくれているのだと思います。

万一、全国どこかの原発で破局的な事故が起きれば、その被害は核兵器によるもの以上になるかもしれません。しかも地震による原発事故の被害は、「地震」と「津波」に「事故」の破壊が重なるだけに、世界でも類を見ないほど甚大なものになります。それはすでに、東日本大震災と福島第一原発事故で証明されていることです。

図1は、日本の原発の立地と現状の運転状況です。いずれの原発も、活断層の上に建っていると言っても過言ではありません。（図2＝24ページ）は主要活断層、（図3＝25ページ）は海溝型地震の評価結果です（文部科学省「地震調査研究推進本部」）。しかし、このマップでは活断層の全てを明かしているわけではありません。たとえば能登半島については、活断層がないように見えます。使用済み核燃料の再処理を行う六ヶ所再処理工場付近についても同様ですが、実は活断層があることが明らかになっています。スペースの関係で見にくいことをお詫びしますが、日本列島全体が活断層と海溝型地震の脅威にさらされていることを理解いただければと思います。

志賀原発のある志賀町（石川県）沖合の海に、断層があることは以前から知られていました。能登半島地震の震源域は東西150キロに及び、隣接する断層が連動したと見られています。ただし北電の評価では断層帯の長さは96キロ、周辺の断層とは連動しないと想定していました。しかし今回、そのどちらの想定も外れてしまったわけです。

沿岸海域に活断層がある他の原発も今後、警戒を怠ることはできません。あとで詳しく検証

図1. 原子力発電所の現状 2024年4月19日時点

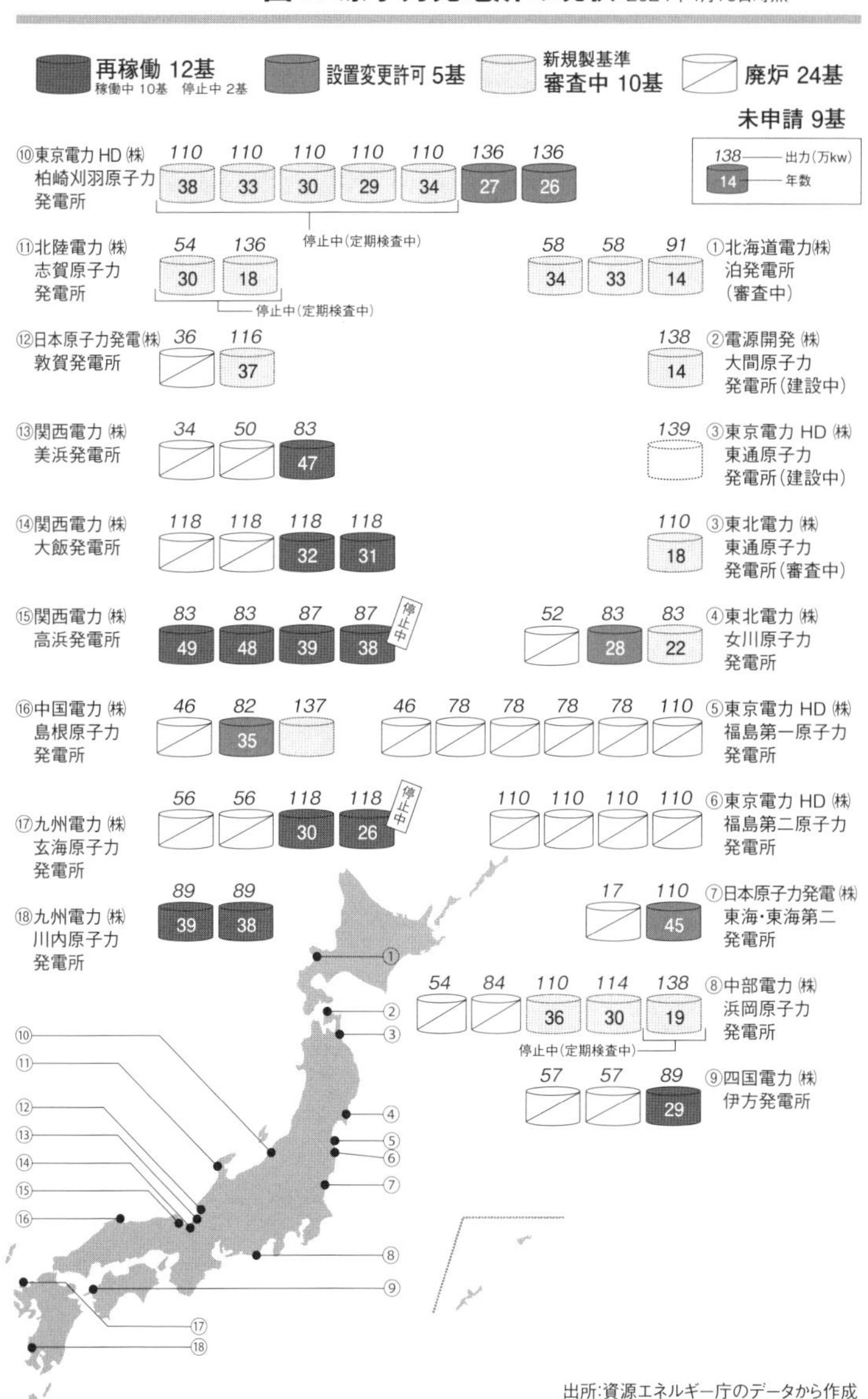

出所:資源エネルギー庁のデータから作成

図2. 主要活断層の評価結果

①サロベツ断層帯
M7.6 程度

②黒松内低地断層帯
M7.3 程度以上

③庄内平野東縁断層帯
南部 M 6.9 程度

④新庄盆地断層帯
東部 M7.1程度

⑤山形盆地断層帯
北部 M7.3 程度

⑥櫛形山脈断層帯
M6.8 程度

⑦高田平野断層帯
高田平野東縁断層帯 M7.2程度

⑧十日町断層帯
西部 M7.4 程度度

⑨砺波平野断層帯・呉羽山断層帯
砺波平野断層帯東部　M7.0 程度
呉羽山断層帯 M7.2 程度

⑩森本・富樫断層帯
M7.2 程度

⑪糸魚川―静岡構造線断層帯
北部　M7.7 程度
中北部 M7.6 程度
中南部 M7.4 程度

⑫高山・大原断層帯
国府断層帯 M7.2 程度

⑬三浦半島断層群
主部：武山断層帯
M6.6 程度もしくはそれ以上
主部：衣笠・北武断層帯
M6.7 程度もしくはそれ以上

⑭塩沢断層帯
M6.8 程度以上

⑮富士川河口断層帯
M8.0 程度

⑯境峠・神谷断層帯
主部 M7.6 程度

⑰木曽山脈西縁断層帯
主部:南部 M6.3 程度

⑱阿寺断層帯
主部:北部 M6.9 程度

⑲琵琶湖西岸断層帯
北部 M7.1 程度

⑳奈良盆地東縁断層帯
M7.4 程度

㉑上町断層帯
M7.5 程度

㉒宍道(鹿島)断層
M7.0 程度
もしくはそれ以上

㉓弥栄断層
M7.7 程度

㉔菊川断層帯
中部 M7.6 程度

㉕福智山断層帯
M7.2 程度

㉖警固断層帯
南東部 M7.2 程度

㉗中央構造線断層帯
石鎚山脈北縁西部
M7.5 程度

㉘安芸灘断層帯
M7.2 程度

㉙周防灘断層帯
主部 M7.6 程度

㉚日奈久断層帯
八代海区間 M7.3 程度
日奈久区間 M7.5 程度

㉛雲仙断層群
南西部:北部 M7.3 程度

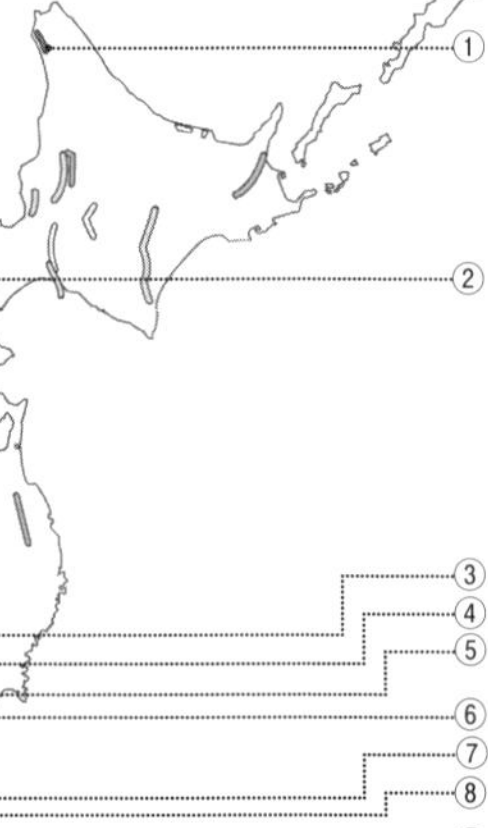

出所：文部科学省・地震調査研究推進本部

2024年1月15日公表

図3. 主な海溝型の地震の評価

出所：文部科学省・地震調査研究推進本部

しますが、再稼働を目指す新潟県の柏崎刈羽原子力発電所（東京電力）も、極めて危険な存在なのです。

東日本大震災はマグニチュード9・0という大変な規模でしたが、広島原爆に換算すると3万発分のエネルギーを放出しました。このようなエネルギーに巻き込まれたら、脆弱な原発などひとたまりもありません。

大災害への危機対応が、相変わらず稚拙

幸運にも志賀原発の事故は防げましたが、人々は震災で大きな被害を受けました。245人（5月9日現在）の方が亡くなり、多くの人が家を失って避難生活を強いられています（4月16日現在、一次避難所を利用するのは2895人＝石川県）。その避難生活ですが、災害初期の避難所の様子は悲惨でした。避難された人々が冷たい床に座り、満足な食事も用意されず、停電と断水のためトイレも使えない。もう、ないない尽くしです。もし志賀原発に事故が発生したら、道路が寸断されていて人々は逃げることができず、被曝を強いられることになったでしょう。福島原発事故の際は不幸中の幸いで、逃げるルートはいくつかありましたが、志賀原発の場合は袋小路に閉じ込められてしまうような地形です。全国で半島に立地する原発としては運転停止中の女川（おながわ）原発（2号機　東北電力　宮城県）や運転中の伊方（いかた）原発（3号機　四国電力　愛媛県）があります。

このような場所に原発を作ること自体が犯罪的なのですが、作ってしまった以上、事故の際に人々の安全を期するのは、国と北電、石川県が最優先にしなければならない義務です。しかしその義務を彼らがあまり真剣に考えていないことは地震発生直後、電気、水道、食料などが十分に供給できていない避難所の様子を見るだけでも想像できます。もし、志賀原発に事故が起きたら、福島原発事故以上の悲惨な状況になる可能性が高いはずです。

国や県の初動対応が遅かったことを、ネットや新聞でさかんに批判されました。1月6〜7日に現地入りした防災学者の室崎益輝さん（神戸大学名誉教授）は、国や県が震災を過小評価したことがその遅れの原因になったのではないかと指摘しています。これは十分にうなずける話です。陣頭指揮を執らなければならない石川県の馳浩知事は地震発生時、東京都内の自宅に滞在していました。「知事も正月くらい休んでいい」という意見もありますが、石川県知事がなぜ県内に自宅を構えず、東京に自宅があるのでしょう？　馳浩知事にとって緊急事態は想定外ということなのでしょうか。

馳知事と言えば、東京五輪誘致をめぐり内閣官房機密費を使って国際オリンピック委員会（IOC）委員100人余りに、20万円相当の贈答品を渡したことで話題になりました。そのようなことには熱心みたいですが、危機に対する緊張感と県民への心配りと言うものがあまり感じられませんでした。事故後、ヘリコプターで上空から被害の模様を視察したと言われていますが、1月14日まで現地入りしていなかったそうです。それが本当だとすれば、即座に現地に出向き陣頭指揮を執らなければならない知事として、あまりに無責任な人だと私は思います。

山本太郎さんの迅速な行動には頭が下がる

岸田文雄首相にしても、現地入りしたのは1月14日です。しかも滞在時間は2時間もなかったとか。これでは、被災した人たちの苦境に真剣に向き合っているとは思えないのです。ただし、このような国や県の冷淡な対応は、今に始まったことではありません。第2章で紹介しますが、福島第一原発事故でも国や東京電力（東電）の対応はなおざりで、多くの人々が被曝を強いられただけでなく、震災と原発事故の関連死を余儀なくされました。そればかりか、避難された人たちへの補償も不十分で、お話にならないほどです。

彼らと比べると、「れいわ新選組」の山本太郎さんの行動が迅速だったことに、私は深い感動を覚えました。足を怪我されているというのに1月5日には現地に入って、車中泊しながら被災された人たちの生の声を聞き、「今、必要なもの」を発信してくれました。

能登半島の完全復興を掲げたビジョンを打ち出し、「不要不急な事業（大阪万博、辺野古埋め立て工事）は中止し、被災地に社会的リソース（資源）を回すとともに、復興を理由とした増税を行わない」「農林水産業や伝統文化への支援も国からの100パーセント補助」「週1回の災害対策特別委員会の開催」などを盛り込みました。大阪万博の実質的な責任者である吉村洋文大阪府知事が、「（大阪）万博も復興も両方可能ですよ」と発言したことに対し、山本太郎さんが「盗人猛々しい」と批判したことも気に食わなかったのか、一部の政治家や権力におもねる人たちが、山本さんに猛烈なバッシングを加えました。

一体この人たちは、何を考えているのでしょうか。被災された人々に寄り添う山本さんの後ろから石を投げつけるような行為は恥ずべきことと私は思います。何とも卑しい振る舞いに見えます。現地で支援活動をする医師が、震災関連死した人の大半が寒さ、餓え、感染症などで健康を害し、命を奪われていると報告していました。対応がもっと早ければ、救われた命だったはずです。その命を救うために現地に駆けつけた山本さんを支えようともせず、足を引っ張る人たちがたくさん存在するのです。「これがこの国の現状なのか」と、私は怒りを越えて悲しみすら覚えてしまいます。

大阪万博など中止して、お金と人材を能登の復興に回すべき

私はオリンピックや万博など、国威を発揚するようなイベントに全く興味がありません。正直に言うと、敵意すら覚えます。そんなものに使う予算があるなら、物価高、医療負担の増大、年金減らし、増税などに苦しむ国民のために使うべきだと思います。

２０２１年に強行された東京オリンピックでは、人も資材も東京に集中させたために福島の復興が遅れたと言われています。それを「福島復興五輪」などと銘打つ茶番劇を見せつけてく

れました。しかしそんな茶番を、人々はとっくに見抜いていたようです。２０２１年のＮＨＫの報道によれば、被災地である岩手・宮城・福島県の被災地の１０００人を対象にしたアンケート調査で、「東京オリンピックの開催によって、被災地の復興が後押しされたか」の質問に対し、「あまりそう思わない」「そう思わない」が63パーセントを占めています。

今回も問題が頻出している大阪万博の主催者の何人かが、「万博を開催することで、能登半島地震の被災者を励ますことになる」などとコメントし、ひんしゅくを買いました。突貫工事を余儀なくされている万博会場建設のために、能登半島地震復興に必要な人材が不足すると言われています。大阪万博がなくなって困るのは維新の会とゼネコンくらいです。でも、復興が遅れることは人々の生活を壊し、災害関連死を増やす原因にもなります。こちらは猶予のない深刻な問題です。

大阪万博は周辺インフラの整備を除く会場建設費が２３５０億円になると日本国際博覧会協会が発表していますが、これにさらに運営費１１６０億円が加わります。そしてその金額は今後、さらに大幅に上振れするでしょう。

今や、ためらうことなく大阪万博を中止し、このような多額の資金と会場建設に関わる人材を能登半島地震復興のために回すべきです。大阪万博のテーマは、「いのち輝く未来社会のデザイン」だそうです。これは「福島復興五輪」と同じで、全く実態の伴わないキャッチフレーズですが、もしそれが本当だと強弁するなら、能登半島地震で苦境にある人々の「いのちを輝かせ」、一人でも多くの関連死を防ぐため、上下水道や道路などインフラの復旧のため、家を失った人に提供する仮設住宅建設などのために、潔く開催中止を決断すればいいのです。

福島第一原発事故が、災害関連死の増大に繫がった

能登半島地震では死者が245人、災害関連死も15人（申請は90人超）。を記録しています（2024年5月9日現在　石川県発表）。

災害関連死は国の定義によると、「災害による直接の被害ではなく、避難途中や避難後に死亡した者の死因について、災害との因果関係が認められるもの」ということになっています。つまり、地震や津波などの災害で直接亡くなった「直接死」とは違い、災害では一命をとりとめたものの、その後の避難生活によるストレスや持病の悪化、エコノミークラス症候群（静脈血栓塞栓症）などで亡くなった人のことを指します。能登半島地震の関連死は今後、さらに増えると予測されています。

復興庁のデータ（2023年3月）によれば、東日本大震災による直接死は岩手県が4675人、災害関連死が470人、宮城県が同9544人、同931人、福島県が同1614人、同2337人です（図4＝32ページ）。この統計数字を見て驚くのは、福島県の震災関連死が直接死を大きく上回っていることです。しかも関連死の150人以上が、「自死」によるものと言われているのです。その背景に、福島第一原発事故にあることは明白です。

10万人を超える人々が避難生活を強いられ、今もなお2万人を超える人々が県外で避難生活を送っています。このような避難生活が、痛ましい関連死とつながっているのです。仮設住宅などがあるとはいえ、これまでの普段の生活、ご近所関係などから断ち切られた強いストレスが、病気の引き金になったとも考えられます。

当時、新聞で大きく報道されたのでよく覚えているのですが、放射能汚染で将来に希望を失った酪農家の男性が「原発さえなければ」と牛舎の壁に殴り書いて、自死しました。その口惜しさはいかほどのものだったでしょうか。人生も仕事も奪われ、希望を失った男性のことは、今でも私の記憶から消えません。

図4. 東日本大震災における震災関連死の死者数

（都道府県・年齢別　2023年3月31日現在）

都道府県	合計（人）	前回との差	年齢別 20歳以下	年齢別 21歳以上65歳以下	年齢別 66歳以上
岩手県	470	(0)	1	64	405
宮城県	931	(1)	2	119	810
山形県	2	(0)	0	1	1
福島県	2,337	(4)	4	233	2,100
茨城県	42	(0)	2	6	34
埼玉県	1	(0)	0	1	0
千葉県	4	(0)	0	1	3
東京都	1	(0)	1	0	0
神奈川県	3	(0)	0	1	2
長野県	3	(0)	0	0	3
合計	3,794	(5)	10	426	3,358

注1　2023年3月31日までに把握できた数。

注2　2011年3月12日に発生した長野県北部を震源とする地震による者を含む。

注3　本調査は、各都道府県を通じて市区町村に照会し、回答を得たもの。

注4　「震災関連死の死者」とは「東日本大震災による不肖の悪化又は避難生活等に関する法律（1973年法律第82号）に基づき災害が原因で死亡したものと認められたもの（実際には災害弔慰金が支給されていないものも含めるが、当該災害が原因で所在が不明なものは除く。）」と定義。

出所：復興庁

志賀原子力発電所は、活断層の上に建っている可能性が大

北陸電力は、臨界事故を8年間も隠蔽した

　志賀原子力発電所（志賀原発）は、北陸電力（北電）が保有する唯一の原発です。１９９３年に営業運転を開始した1号機（沸騰水型軽水炉　54万キロワット）、２００６年に開始した2号機（改良型沸騰水型軽水炉　１３５万８０００キロワット）があります。両機とも、福島第一原発事故の影響で２０１１年３月から運転を停止しています。北電は収支が大幅に改善されると言って再稼働を熱望していますが、志賀原発には極めて重大な欠陥があります。周辺の海陸に多くの活断層が走っていて（図5＝34ページ）、今回の地震も海底活断層が動いたことが原因とされていることです。

　海底だけではありません。志賀原発の敷地内どころか、原子炉建屋やタービン建屋などの主要施設の直下を活断層が走っている疑いさえあるのです（図6＝35ページ）。

　2号機の再稼働をめぐってはさまざまな場で、「このような場所が原発立地として認められたことが不思議だ」「唖然としている」など、何人かの専門家が意見を述べました。それに対

し北電は、これらは活断層ではないと主張しましたが、図6にあるS‐1断層については1号機の許可申請書に記載があり、北電は安全審査中（1987〜88年）に調査を行なっています。

1999年のことです。定期検査で運転停止中の志賀原発1号機で、「臨界事故」が発生しました。ウランやプルトニウムなどの核分裂性物質は、一定の形状に一定量以上集まれば、核分裂の連鎖反応が始まります。核分裂の連鎖反応が持続的に起こる状態を「臨界」と呼びます。その状態が制御されていればいいのですが、作業ミスなど突発的に臨界が発生すると、周辺にいた人は放出された放射線に大量被曝することになります。

志賀原発の場合は、定期検査中に制御棒3本が引き抜かれ、想定外の臨界が発生し、原

図5. 志賀原発周辺の活断層

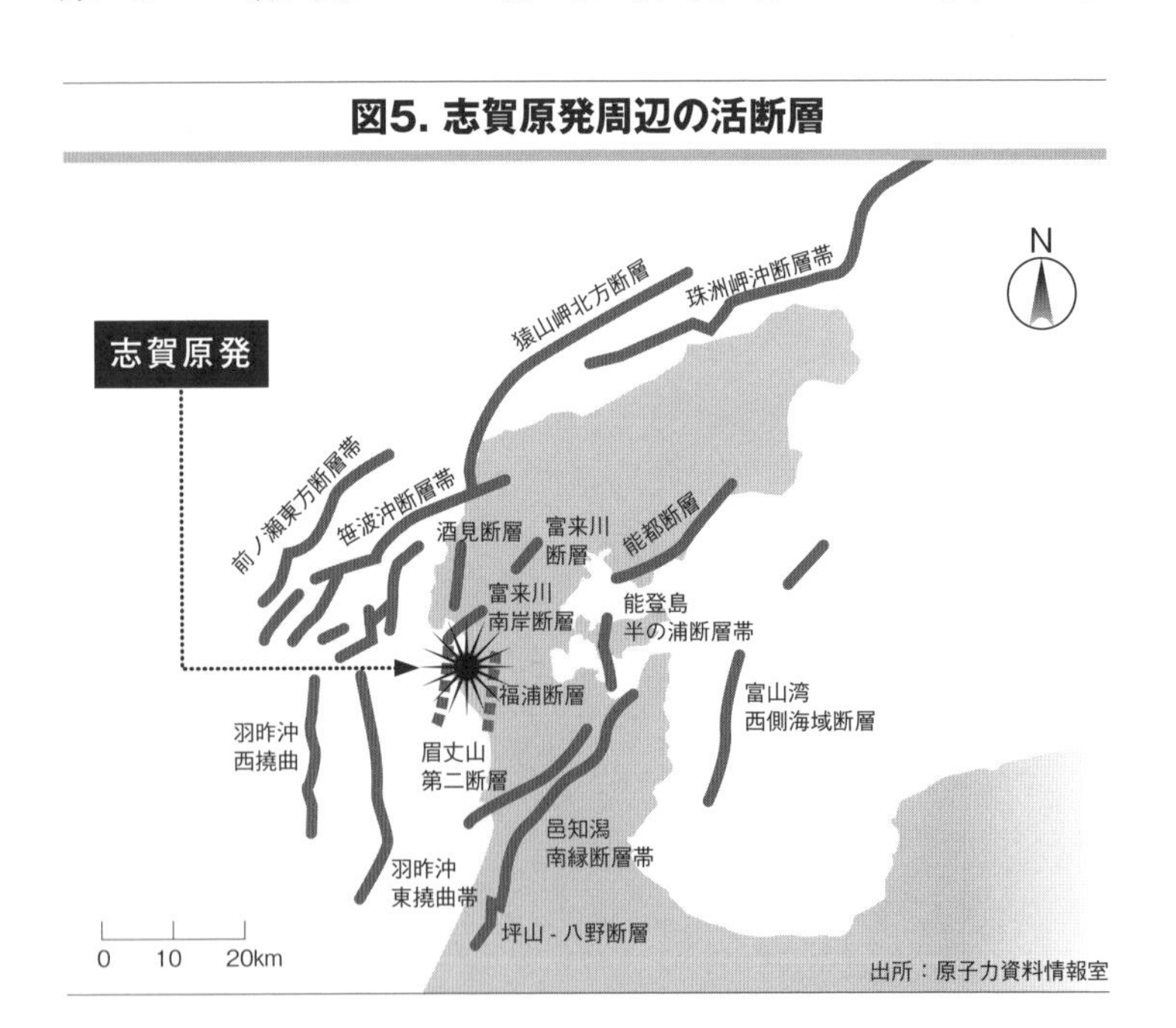

子炉緊急停止の信号が出たものの、制御棒を入れるまでに15分かかりました。大事には至らなかったのですが、当時の所長はこの事故を国に報告しませんでした。2号機の工事着工が同年8月に迫っていたこともあり、事故を隠蔽（いんぺい）したのです。これは２００７年に発覚するのですが、このように原発とは、ウソと隠蔽で固められたものなのです。

原子力マフィアに、能登半島地震が冷水を浴びせかけた

１９９９年には、地域の人々が2号機の建設差し止め訴訟を起こしましたが、住民側敗訴となり、２００６年に2号機の営業運転が開始されました。しかしこれが、意外な展開となります。同年3月、住民１３２人が起こした運転差し止め訴訟に対し金沢地裁の井戸

図6. 志賀原発の建屋配置と敷地内の主な断層

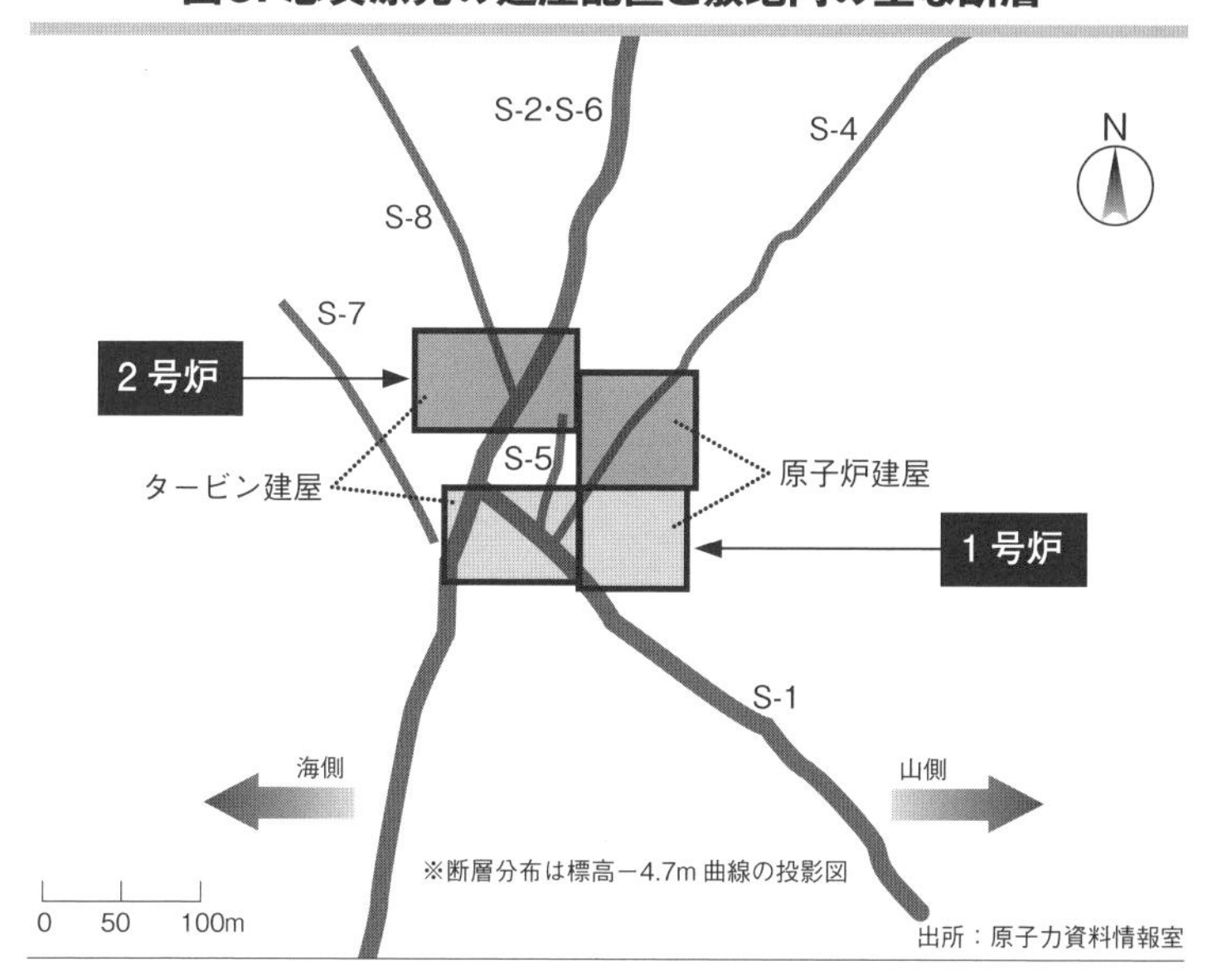

謙一裁判長が「想定を超えた地震による事故で、住民が被曝する具体的可能性がある」として住民ら原告の訴えを認め、2号機の運転差し止めを北電に命じたのです。

これまで裁判所は、原発に関する住民側の提訴をことごとくはねのけてきただけに、この判決は画期的なものでした。しかしまともに考えれば、この判決は「普通」で、これまでの判決が「異常」だったにすぎません。

原発利権に巣喰う原子力マフィア（旧原子力ムラ）にとってこの判決は、驚天動地だったはずです。このような判決が許されることはなく、最終的には最高裁で住民側の逆転敗訴が決定します。この国の司法が、政府の原子力推進政策に組み込まれていることを白日の下に晒した裁判でした。

原子力推進派のことを、揶揄を込めて「原子力ムラ」と呼ぶことも多かったのですが、彼らの行状は「ムラ」というのどかなイメージとは程遠いものであり、私は新しく「原子力マフィア」と名付けました。

今回の能登半島地震ではっきりしたのは、金沢地裁の判決が極めて妥当であることでした。人間の力で、自然の動きを制御することはできません。しかし、福島第一原発事故以後、運転中止になっている志賀原発2号機の再稼働に原子力マフィアは躍起になっています。そのひとつの頼りにする理屈が、「最大震度7の地震でも、原発は安全だった」というものです。

2023年に原子力規制委員会は、志賀原発敷地内にある10本の断層を「活断層ではない」

と結論づけ、2号機の再稼働に道を開いたばかりです。それだけに今回の地震は、原子力マフィアにとって頭から冷水を浴びせかけられた思いだったことでしょう。政府の官房長官などが盛んに、「原発に異常なし」と繰り返していましたが、そんな言葉に騙されるわけにはいきません。

この国の原発の耐震性は、民間住宅よりはるかに低い

日本の国土面積は世界のわずか0・25パーセントしかありませんが、気象庁のデータで2011〜2020年を見ると、マグニチュード6・0以上の地震の約18パーセントが日本周辺で発生しています（図7＝38ページ）。

原子力発電所が地震に弱いことは福島第一原発事故で証明済みのはずですが、事故から13年経って国民の多くがそれを忘れかけてきたようです。そして、「日本の原発は世界一安全だ」「日本の原子力技術は世界レベルだ」という迷信がまた、はびこり始めています。しかし世界の原発事情を見れば、まず原発依存から脱却する動きが強まっていること、そしてほとんどの原発が地震の少ない地域、地震に強い地盤の上に建っていることが分かります。それに対し日本は世界一危険な活断層の上に、危険な原発が乗っているような状態です。つまり、「日本の原発は世界一危険」といっても過言ではありません。

日本は原子力に関して最初から出遅れた、後進国です。日本の原発は全てコピー製品で、オリジナリティーは持っていません。研究者、技術者の数も圧倒的に少なく、今後の廃炉作業に

も支障をきたすような有り様です。つまり、「日本の原子力技術は世界でも最低レベル」にあるのです。

地震大国の原発だけに、「しっかりとした耐震設計になっているだろう」と思われるかもしれませんが、2014年に関西電力大飯発電所（原発）3・4号機の運転差し止め判決を下した元福井地裁裁判長の樋口英明さんは、「日本の原発は、民間のハウスメーカーの耐震住宅より耐震性がはるかに低い」と指摘しています。民間の耐震住宅は最大5100ガル、平均3400ガルの揺れに耐える設計になっていますが、ほとんどの原発はその5分の1程度の耐震設計にすぎないと警告しています。つまり、この国の原発は丸裸で活断層の上に突っ立っているようなものです。

図7. マグニチュード6.0以上の地震回数

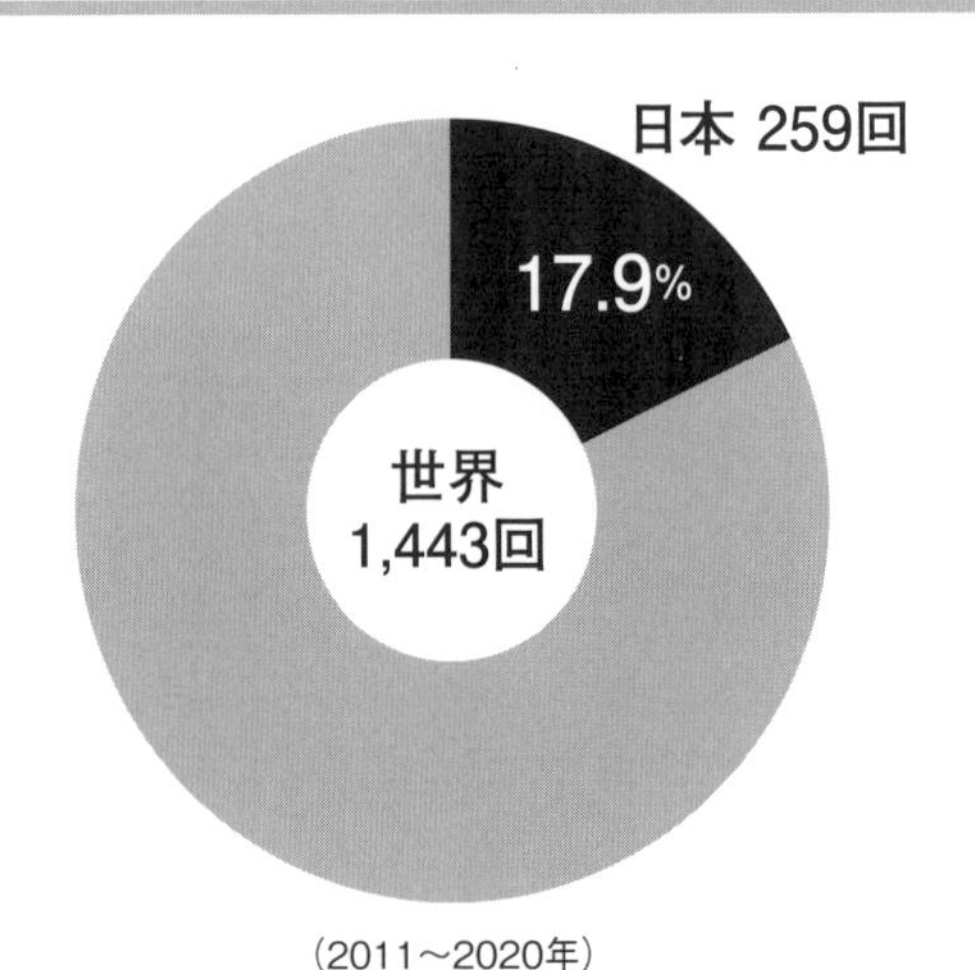

出所：一般社団法人国立技術研究センター（河川データブック2021　国土文通書 ホームページ）

志賀原発の耐震性を見ると建設当初が490ガル、その後600ガルに引き上げられ、現在は1000ガルで安全審査を申請しています。1000ガルといっても、民間の耐震住宅の3分の1の強度しかありません。何とも怖い話です。

活断層かどうかの判断を、人間が行っていいのか?

志賀原発敷地内にある10本の断層について、これが活断層であるかどうかについて議論が続いてきましたが、2023年3月、原子力規制委員会は「活断層ではない」という北電の主張を妥当とする判断を下しました。

再稼働を認める「新規制基準」では、12~13万年前以降の活動が否定できない断層を「活断層」と定義しています。志賀原発敷地内にある10本の断層は、「活動を否定できる」ので活断層ではなく、再稼働には問題がないと審査会合は結論づけました。取って付けたように、「原子炉建屋など重要施設の直下に活断層がある場合は再稼働が認められない」とありますが、そんなことは当たり前で、記述の必要もありません。

2014年9月に2号機の再稼働の申請をしてから9年以上も経っていただけに、北電は原子力規制委員会の判断を大歓迎しました。しかし、好事魔多し(こうじま)です。2026年1月の再稼働に向け動き出そうとした矢先に、能登半島地震が起きたのです。これによって、再稼働なんてとんでもないという声が地域の人たちからあがるのは必至です。

地震は私の専門外ですが、12～13万年「以前」と「以降」によって活断層か、活断層ではないかを判断することには違和感を覚えます。そんなはるか昔のことを、科学的に厳密に証明できるとは思えないからです。もちろん、ボーリング調査などさまざまな手法によって地層のチェックを行うことは当然です。それでも、原子力規制委員会やそこに加わる学者たちは原子力マフィアの構成員であり、原発を推進する利権集団です。初めから結論ありきだったという疑いを、私は拭うことができないのです。

私は12～13万年前の地層の動きを判断する力など、人間が持っているとは思いません。そこに断層があるのなら、それはいつ動くか分からないと考えるのが、人間の知恵というものです。この国土に住んでいる限り、地震を避けることはできませんが、破局的な被害をもたらす原発なら人間の力で廃絶することはできます。

そのような当たり前の判断力を、利権に目が眩(くら)んだ原子力マフィアは失っています。能登半島地震の被害を小さく見せ、志賀原発の再稼働に必死になっているのには理由があります。ここで再稼働をあきらめたら、再稼働を狙う他の原発にも大きな影響を与えることになります。それをどうしても避けるために、「志賀原発は地震に耐えた」という宣伝を繰り返すことでしょう。その宣伝に、原子力マフィアの一員であるマスコミが手を貸すかもしれません。

彼らが次に狙っているのは、柏崎刈羽(かりわ)原子力発電所（新潟県　東京電力）の再稼働です。

豆腐のような地盤に建つ柏崎刈羽原子力発電所は、あまりにも危険すぎる

国と東電にとって再稼働は、至上命題

今回の能登半島地震では新潟県にも被害が及びましたが、その新潟県に立地するのが柏崎刈羽原子力発電所（柏崎刈羽原発　東京電力）です。1～7号機の原子炉を擁し、総計821万キロワットの出力を持つ世界一巨大な施設です（図8＝42ページ）。現在は全基、運転停止中ですが、再稼働に向けて準備中です。ただ、新規制基準に基づく安全対策工事に不備があったり（2021年）、テロ対策として外部からの侵入を検知する設備が不十分であることが判明したり（2021年）と、再稼働に向けた道のりは紆余曲折しましたが、2023年12月、原子力規制委員会によって、再稼働を目指す6号機と7号機の運転禁止命令が解除されました。つまり、再稼働が可能になったのです。

しかし、これですぐに再稼働の準備に入れるわけではなく、地元の新潟県、柏崎市、刈羽村の合意が必要になります。原子力規制委員会の山中伸介委員長は、「今回の判断は適切」とし、「福島第一原発事故の教訓を踏まえると、継続的な安全性向上を行うのは事業者である東京電力の

責任なので、お墨付きを与えたわけではない」と記者会見で語りましたが、私からすれば、お墨付きを与えたとしか思えません。

福島第一原発事故直後、東京電力（東電）は倒産寸前まで追い込まれました。それを救うために国は一部を国民に負担させ、自らも巨額の資金を東電に投入しました。その額は廃炉費用を含めると23・4兆円（交付国債）に上ります。まさに原子力マフィアによる「共助行動」と言えますが、国とすればその資金を回収しなければなりません。それには東電の収支改善が必要で、柏崎刈羽原発6・7号機の再稼働が手っ取り早い方法というわけです。どのくらいの収支改善が見込まれるかというと、7号機の再稼働により年間1100～1200億円の収支改善（連結計上収益）が見込まれるそうです。

図8. 柏崎刈羽原発構内MAP

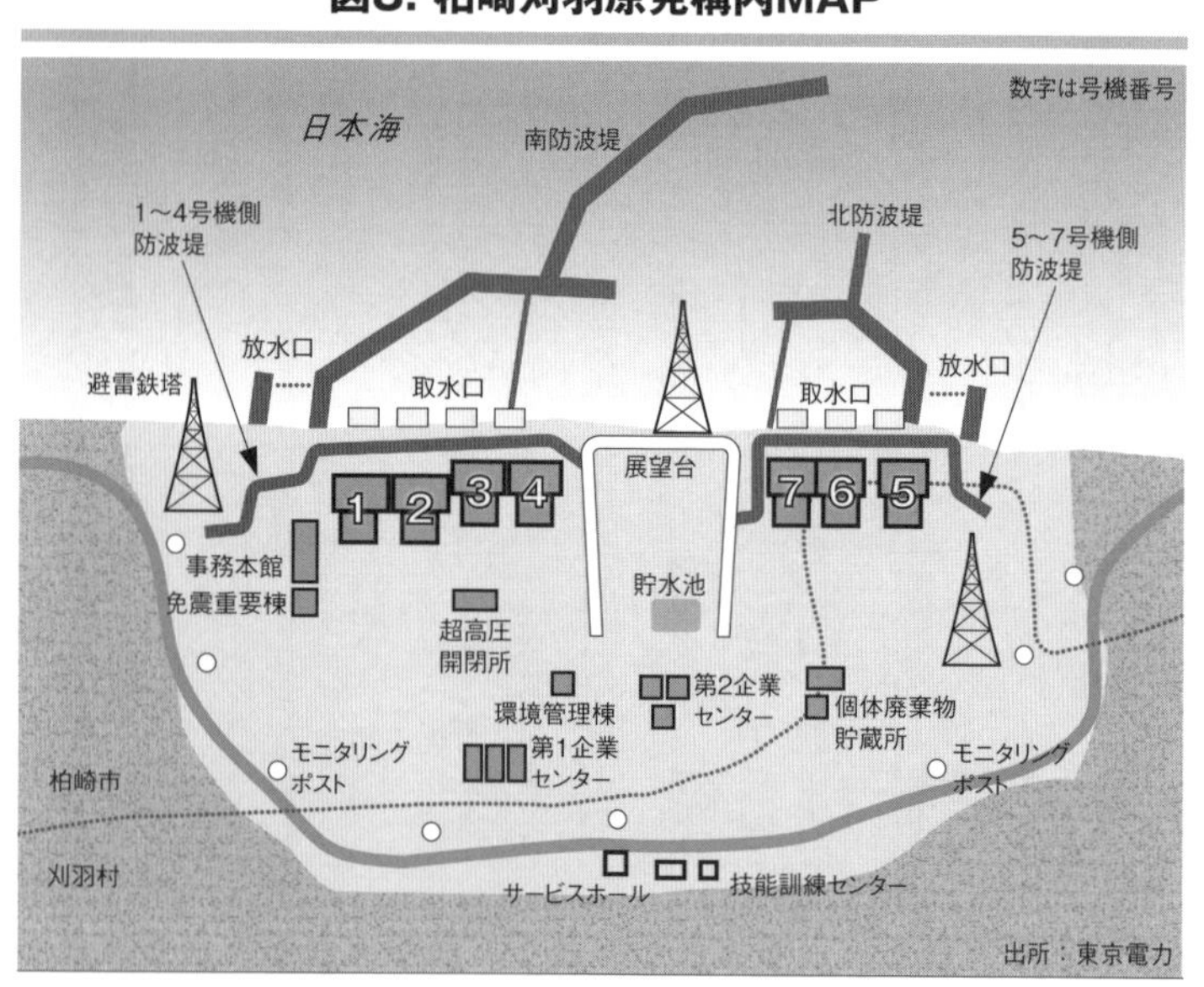

東電にとって再稼働は、生き延びるための必須条件なのです。しかし、それは東電の勝手な都合です。福島第一原発事故のような破局的な事故を起こした東電は倒産するのが当然で、あんな事故を起こしてもなお倒産せずに生き延びられるということが、原発の廃絶を阻む壁になっています。その上、生き延びるために、再稼働によって周辺の人々の命を危険に晒すような行為を許すべきでありません。東電はせめて、福島第一原発事故だけでなく、柏崎刈羽原発自体が起こした事故こそ教訓にすべきでしょう。「想定外」の地震がいつ襲ってくるか分からないこと、原子炉をはじめとして広範な被害が出ること、一歩間違えば大事故につながることなどを学べば、再稼働の愚かさが理解できるはずです。

マグニチュード6・8の地震で数々のトラブルが発生

2007年7月16日、新潟県中越沖地震（マグニチュード6・8）が柏崎刈羽原発に襲いかかりました。図9（44ページ）は東京電力（東電）が発表した「各機の地震動評価結果」です。東電（東電）の勝俣常久社長（当時）は、「想像を超える地震だった」と発言しました。しかし、マグニチュード6・8規模は大地震というわけではありませんし、柏崎刈羽原発を建設しようとした当初から、その発生を警告されていた地震規模にすぎません。図10（45ページ）は各原発の基準地振動を比較したものです。S2は申請時、SSは建設時の数字ですが、柏崎刈羽原発（南＝荒浜側）の基準値振動は2300と、飛び抜けて高くなっています。当初から、こんな危険な地盤の上に建てられた原発でした。

柏崎刈羽原発1号機が電源開発調整審議会で建設が認められたのは、1974年7月のことです。それ以前から、柏崎周辺の住民は予定地直下に真殿坂断層が存在していること、東京電力が岩盤という西山層自体が劣悪であることを指摘し、柏崎刈羽原発を「豆腐の上の原発」と呼んでいました（図11＝46ページ）。東京電力はそうした住民の指摘を無視し、活断層ではないと断定し、原子炉建屋は岩盤まで掘り下げて建設するので問題はないとしました。国はその言い分を認め、設置許可を与えたのです。

しかし、2007年の新潟県中越沖地震によって、東電の言い分は覆されることになりました。東電がこれ以上の地震は決して起きないとして想定した最大の直下地震は マグニチュード6・5でしたが、中越沖地震はマグニチュード6・8と3倍もの大きさでした。0・3の違いですが、地震エネルギーでは3倍になる

図9. 各号機における地震動評価結果（単位:ガル）

対象とする地震動	1号機	2号機	3号機	4号機	5号機	6号機	7号機
新潟県中越沖地震（観測値）（原子炉建屋基礎版上）	680	606	384	492	442	322	356
基準地震動による応答（原子炉建屋基礎版上）	845	809	761	704	606	724	738
基準地震動の最大値（解放基盤表面）	2300				1209		
新潟県中越沖地震（解放基盤表面における推定波）	1699	1011	1113	1478	766	539	613

出所：東京電力

のです。地震により発電所敷地は周辺に比べ10センチ隆起しましたし、敷地内ではあちこちで不均等な隆起や陥没が起き、発電所敷地内は惨憺たる有様となったのです。

地震が起きた直後に、変圧器の一部から発火しました。本来であれば発電所の自衛消防隊が消火するはずでしたが対応できず、2名の社員と2名の下請け作業員が消火作業に当たろうとしましたが、消火栓配管が破断して水が出ず消化作業ができません。しかも、油火災に対処するための化学消防車もありませんでした。結局、

図10. 各原発地震動比較図(単位:ガル)

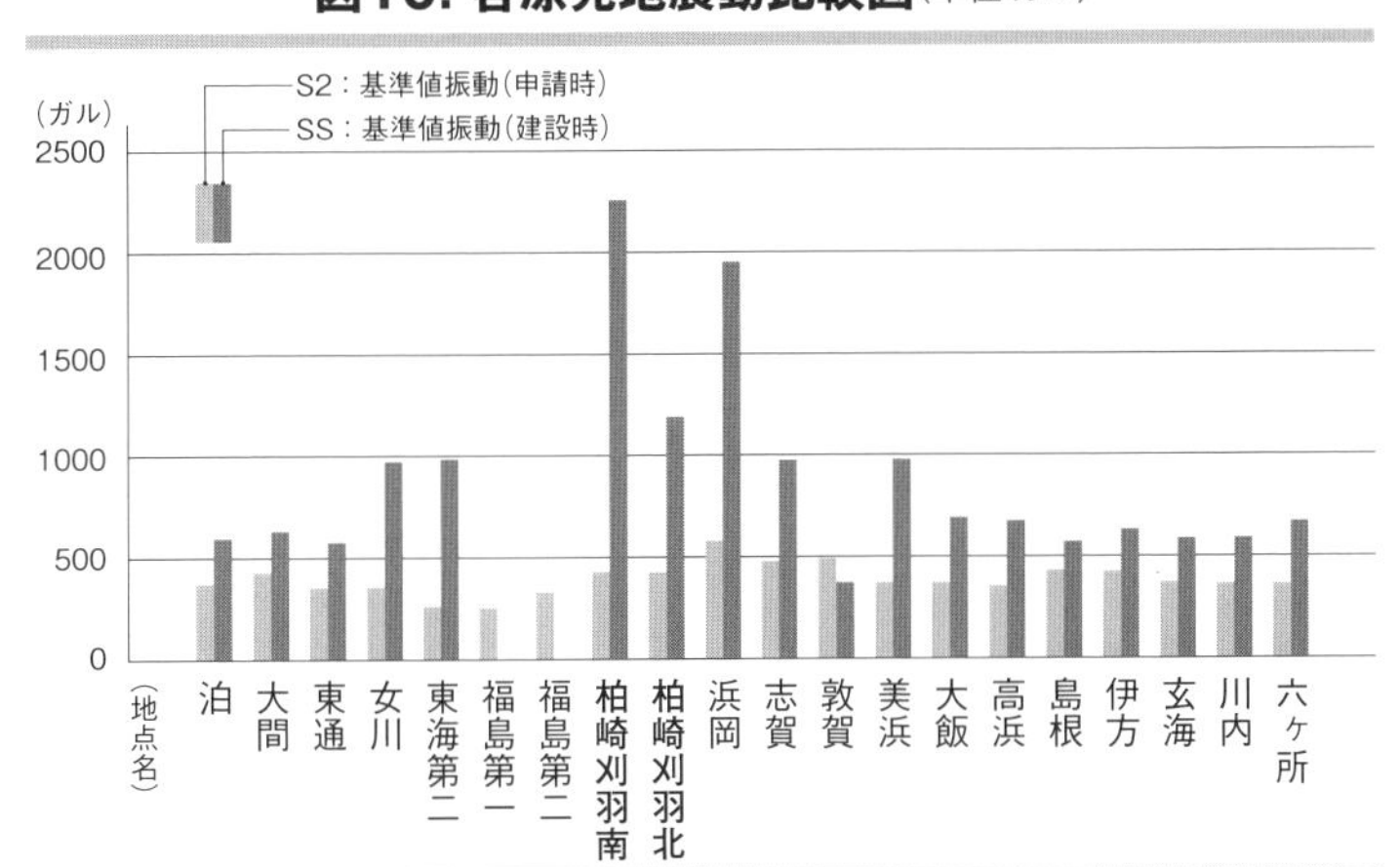

地点名	S2	SS	地点名	S2	SS
泊	370	620	志賀	490	1000
大間	450	650	敦賀	522	800
東通	375	600	美浜	405	993
女川	375	1000	大飯	405	723
東海第二	270	1009	高浜	370	700
福島第一	265		島根	456	600
福島第二	350		伊方	420	650
柏崎刈羽南	450	2300	玄海	370	620
柏崎刈羽北	450	1209	川内	372	620
浜岡	600	2000	六ヶ所	375	700

出所:柏崎刈羽・科学者の会　News Letter No.12(原子力資料情報室　原子力市民年鑑より作成)

油火災で危険が伴うとの判断で、柏崎市の消防隊が到着するまで全くなす術もないまま、火災の進行を傍観することになります。

ただし、当時発電所内で働いていた人々はとにかく原子炉を安全に停止させるため、次々と出る警報の下、放射線管理区域（管理区域）内で苦闘していました。稼動中だった4機の原子炉のうち、最後の4号機が冷態停止に至ったのは翌17日朝6時54分のことでしたが、その時、運転員たちからは自然に拍手が起きたと伝えられています。私には、その気持ちがよく分かります。管理区域の外にある変圧器の火災などに対処する余裕は、もともとなかったからです。それだけに胸を撫で下ろしたのだと思います。

図11. 柏崎刈羽原発周辺の活断層

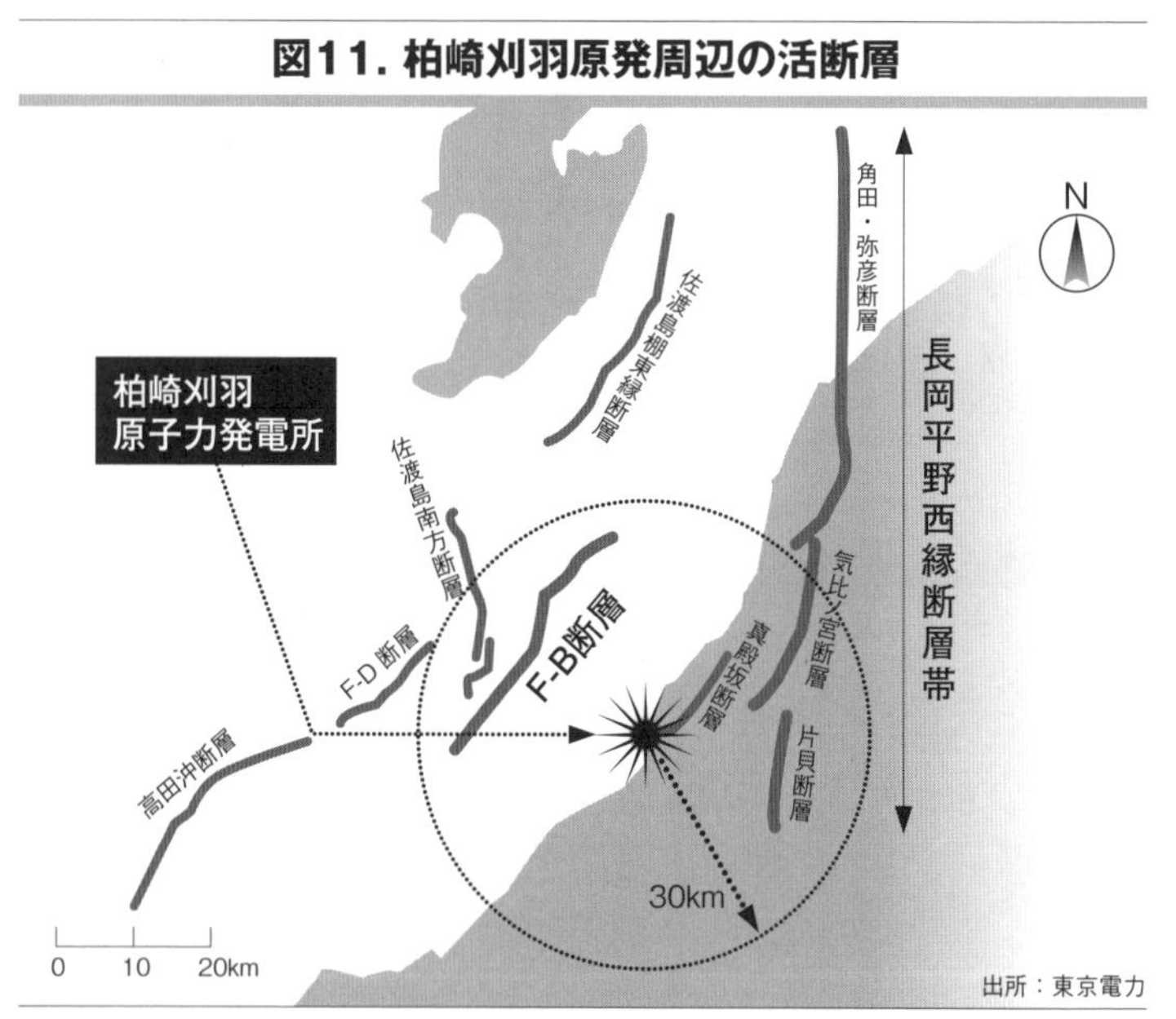

出所：東京電力

放射能汚染水が管理区域外に流出

破断した消火栓配管からの水は建屋の破壊箇所から管理区域内に流入し、地下5階の放射性放射性廃水貯留槽に流入、地下全体を汚染させました。

7基の原発すべての使用済み核燃料プールから、水が溢れました。6号機の放射性廃水は非管理区域へ流出し、何のチェックも受けないまま海へ放出されてしまったのです。一体どうすれば、管理区域から非管理区域に放射性廃水が移るのか、私には分かりませんでした。その後の東京電力の発表によれば、管理区域と非管理区域を分ける建屋の壁を電気ケーブルが貫通しており、それは単にシール材で漏洩を防ぐだけの構造だったと言います。おまけに、ケーブルは管理区域側で床下に空けられた配電ボックスを通っており、溢れた放射能汚染水がその配電ボックスに流入、さらに地震で損傷したシール材を通って、非管理地域に流出したと説明しました。

排気筒からの放射性物質ヨー素が大気中に流出、放射能のこのような環境への漏出を監視するため、インターネット上でリアルタイムに公開されてきた環境モニタリングデータは、地震直後から「調整中」という表示に変わって全く見えなくなってしまいました。それでも東京電力は、「安全です」「環境への影響はありません」と言い続けました。このようなごまかしが、のちに起きる福島第一原発事故にも引き継がれるのです。

使用済み核燃料や原子炉圧力容器上蓋の移動に使うクレーンの車軸が折れ、使用済み核燃料の移動に使う作業架台が使用済み核燃料に落下、巨大構造物であるタービンの羽にも多数のヒビが入っていました。これらの損傷が重なれば、大きな事故につながった恐れもあります。それにしても地震エネルギーの凄まじさを、思い知ります。

事故が起きなかったから、安全というわけではない

能登半島地震でも原子力マフィアは、「志賀原発は地震に耐えて安全だった」という宣伝を繰り返していますが、新潟県中越沖地震でも同じ真似をしています。

石川迪夫・日本原子力技術協会理事長（当時）は、「伝えられているところによると、設計で想定の地震の2倍強の680ガルという加速度の地震がきた。それでも原子力発電所の主要な機械設備には、何の損害もなかった。原子炉は設計通りきちんと停止した。周辺への放射線放出は微量のものを除き、なかった。原子力発電所の安全性については、期待通りの効果を発揮したと思う」と述べています。

いかなる設計でも「安全余裕」を取るのが常識ですが、それは定量的に安全を保証できる範囲を超える可能性を予測し、余裕として取るのです。設計を超える事象が起きて、装置自体が壊れなかったとしても、それは安全の保証になるのではなく、単に幸運と思う以外ありません。それにもかかわらず、壊れなかったことをもって安全の証明にするなど、およそ科学に携わる

者のなすべきことではありません。

新潟県中越沖地震は、東電の想定した「設計用限界地震」をはるかに超える揺れに襲われました。つまり多くの機器が、何らかの損傷を受けたと考えるのが科学的というものです。汚染された機器のチェックは難しく、被曝を伴うので不可能というケースもあります。

現在、どのような改善策が講じられたかは詳しく分かりません。しかし、どのような改善策も想定外の地震に耐えられる保証はないのです。再稼働に向けて、東電の「活断層はない」という主張に異議を唱える専門家が検証委員会（新潟県）から排除されるなど、着々と準備は整っていました。

断層が活断層かどうかをいくら検討しても、結論は曖昧なものになります。確実なのは、地震はいつか必ず襲ってくることです。新潟県中越沖地震で、柏崎刈羽原発の原子炉本体など主要な機器が塑性変形している可能性も考慮しなければなりません。能登半島地震で柏崎刈羽原発周辺の道路が、ひび割れたり隆起したりしているとも報道されています。それを考えると原発構内の様子は分かりませんが、異常があってもおかしくないと思います。しかし何かあっても、東電がそれを口外することはないでしょう。再稼働の邪魔になるからです。

何がなんでも、まずは柏崎刈羽原発7号機の再稼働を実現させること。これが利権に群がる原子力マフィアにとって至上命題になっています。

原子力マフィアの正体は「今だけ、自分だけ、お金だけ」という強欲主義者

大企業は富み、国民はますます貧しくなる社会

資金力のある人たちが発言力を強めるため、政治を支配する。その結果、権力を握る者にカネが集まる。権力と権力に近くて強い人のため、より富ませるために多額の税金が使われる。この国の姿を大きく俯瞰すると、このような図式が見えてきます。

山本太郎さんが具体的な数字を示して、消費税のほとんどが法人税の減税にあてがわれていると指摘しています。つまり企業を富ませるために、国民は消費税を毎日のようにせっせと貢いでいるわけです。しかも、「租税特別措置」による法人税の減収額が、大企業を中心に2兆3000億円にものぼります（2022年度　財務省試算）。特に資本金100億円超の超大企業が優遇されているのです。

その代わり大企業は、献金や上級官僚の天下り先を提供するという形で報いているわけです。今回問題になった自民党派閥の政治資金パーティーをめぐる裏金問題も、企業による闇献金だと考えると合点がいきます。

このように自民党内閣は国民の税金を勝手に使い放題しながら、大企業と手を組んで利益を山分けしているのです。COVID-19（新型コロナウイルス）対策、東京オリンピック、大阪万博なども山分けの絶好の機会で、多額の税金が中抜きされて闇に消えたとも言われています。まさに、強い者がますます強くなる社会なのです。

賃金差別もひどい状態になっています。特に労働者全体の36・9パーセント（2022年＝総務省）を占める非正規社員に対する賃金差別は目を覆いたくなるほどです。非正規社員の1時間当たりの給与額は、正社員・正職員の6～7割程度です。しかも非正規社員は、社会保険（厚生年金、雇用保険、健康保険）の仕組みから外されている場合がほとんどです。これらの保険料は企業が50パーセントを負担することになっていますが、非正規社員であれば負担する必要がありません。以前は、「非正規社員は雇用の調整弁」と言われていましたが、今や非正規社員は企業の利益を増大させ、正社員の賃金を支えるという大損な役割を担うようになってしまいました。

このような差別が罷り通る社会に、未来はないと思います。真っ当に働いた人が真っ当な賃金を手にする社会になることを邪魔しているのが、「強い人」たちなのです。彼らはしばしば「自己責任論」を持ち出しますが、それは弱い人をますます弱く、強い人たちをますます強くするだけの詭弁にすぎません。

この強い人たちが結集している場所のひとつが、原子力業界です。阿漕（あこぎ）で強欲、そして無責任極まりない連中が、この国の形を汚し続けています。ですから私は、その集団を「原子力マフィア」と呼ぶようになりました。

原子力マフィアの頂点には、政府と官庁が立つ

日本の原子力は「国策民営」と言われています。国（自民党政府）が開発の道筋を決め、それに従って電力会社が全国に57基の原発を作ってきました。それにさまざまな原子力企業が加担し、ゼネコン、中小零細企業、マスコミ、広告代理店、学会、裁判所など、すべてが一体となって「原子力ムラ＝原子力マフィア」と呼ばれる巨大な権力組織を作り上げたのです。その頂点には、以下のように国と官庁が立っています。

原子力関連の主な組織は以下の通りです。

原子力委員会（内閣府） 原子力エネルギー全般についての方針を打ち出す。原発立地の選定、『原子力白書』などを発行。

原子力規制委員会（環境省） 委員長と4人の委員で構成。委員長は両院の同意を得て内閣総理大臣が任命。原発推進の立場から、各原発の安全性などをチェック。

原子力小委員会（経済産業省・資源エネルギー庁） 原子力関連の具体的な政策を担当。「小」

という名称だが、役割は大きい。

日本原子力研究開発機構（文部科学省） 原子力関連の研究活動を担当。大学や研究者に助成金を提供するほか、高速増殖炉「もんじゅ」（廃炉）の運営も担う。

日本原子力学会 個人会員（正会員・学生会員・教育会員）と賛助会員で構成されており、約6150人が入会。個人会員は、原子力・放射線・再処理・環境科学などの研究者および学者、事業者・プラント関連技術者、国・地方自治体職員など多彩な業種・分野を網羅している。賛助会員としては、原子力研究機関、大学、電力会社、プラントメーカー、建設会社など各種団体からなる213組織が入会。東大閥が中心で、メーカーへの人材派遣、政府の原子力関係機関への委員派遣などを仕切る一大勢力。

私も一時期、原子力学会の会員でした。でも、原発推進の国策に沿うだけの学会であることが判明した段階で脱退しました。

これらの組織の下に2797社に及ぶ原子力産業（図12＝54ページ、13＝55ページ）、マスコミ、広告代理店、さらに裁判所まで加わったのが、原子力マフィアの実体です。この国を支配する大きな権力機構と言ってもいいでしょう。

絶対に損をしない仕組みになっている電力会社

原子力発電所1基の建設費は、経済産業省の試算（2018年、「2030年に向けた新しいエネルギー基本計画」）で4400億円としています。原発の1キロワット時当たり10・1円と推計し、そのうち3・1円が建設費に相当するとして、原発の発電コストは、石炭火力（12・3円）や水力（11円）よりコスト安であると結論づけています。

もちろんこれは、ほぼでっちあげの数字です。なぜなら、三菱重工や東芝が海外で手がける原発の建設費は1兆円を超え、その金額を基礎にすると原発の発電コストは13・2円以上にはね上がります。これに事故リスク対応費が加わると、「17・6円以上になり、太

図12. 原子力産業の業種別分類

	2011年		2022年		構成比
	件数	構成比	件数	構成比	構成(pt)
建設業	636	28.2%	862	30.8%	2.6
製造業	778	34.5%	903	32.3%	▲2.2
卸売業	333	14.7%	348	12.4%	▲2.3
小売業	13	0.6%	13	0.5%	▲0.1
運輸・通信業	33	1.5%	42	1.5%	0.0
サービス業	442	19.6%	571	20.4%	0.8
不動産業	9	0.4%	18	0.6%	0.2
その他	14	0.6%	40	1.4%	0.8
総計	2,258	100.0%	2,797	100.0%	

出所：帝国データバンク

陽光発電の入札価格の17・2円も上回る」（大島堅一・龍谷大教授の試算）ことになるわけです。原子力マフィアが盛んに宣伝してきた「原発コストは一番安い」論は、すでに破綻しています。

それでも原子力マフィア企業が原発に群がるのは、事業に参画すれば、よほどのことがない限り赤字になることがないからです。

電力会社の収益構造を見てみましょう。電力会社は地域ごとに分かれていますが、ほぼ競争のない独占企業です。しかも２０１６年の電力小売の完全自由化までは、電気事業法による「総括原価方式」で、電力会社は「利益」を出すことが保証されていました。まるで「国営会社」並みの厚遇ぶりです。

総括原価方式とは必要経費、減価償却費、営業費、人件費、必要経費に「利潤」を足し

図13. 業種の細分類

2011年			2022年		
	件数	構成比		件数	構成比
機械器具設置工事業	122	5.4%	機械器具設置工事業	145	5.2%
一般電気工事業	110	4.9%	一般電気工事業	128	4.6%
ソフト受託開発	75	3.3%	製缶板金業	88	3.1%
機械同部品製造修理	30	2.7%	土木工事業	80	2.9%
一般管工事業	56	2.5%	とび工事業	76	2.7%
土木工事業	55	2.4%	機械同部品製造修理	75	2.7%
機械設計業	53	2.3%	ソフト受託開発	74	2.6%
製缶板金業	53	2.3%	一般土木建築高事業	62	2.2%
一般土木建築高事業	43	1.9%	機械設計業	62	2.2%
産業用電気機器卸	35	1.6%	土工・コンクリ工事	67	2.0%

出所：帝国データバンク

たものが「総括原価」です。この利潤は電力会社が保有する「資産」（レートベース）に「報酬率」という一定のパーセントをかけて決めるものです。

資産は1基の建設費（4400億円～1兆円）が、そのまま資産価値になります。備蓄する核燃料、研究開発などの「特定投資」も巨額です。それら全てが資産価値となって、利潤を決める際のベースを釣り上げることになります。つまり電力会社は原発の数が多ければ多いほど、利潤が上がる仕組みです。国は電力会社に原発を作らせるためにこのような会計方式を導入したのです。その結果、私たちが支払う電気料金が高くなりました。世界一レベルと言われる電気料金を、原発のために支払ってきたというわけです。

小売全面自由化はされたものの、電気料金は従来の総括原価方式を用いた料金プラン（経過措置料金）が継続されています。そればかりではありません。福島第一原発事故の事故処理費（廃炉、損害賠償）の多くは、最終的には家庭や企業の電気料金を元手に払われているのです。その額は概算ですが、一般家庭（月300キロワット使用）で月100円前後になるようです。支払いがどのくらいの期間にわたるかと言えば最低30年程度ですが、廃炉にはそれ以上の時間がかかるのが確実ですので、その期間は半永久的になるでしょう。

大手電力会社10社の2024年3月期決算を見ると、いずれも黒字で8社が過去最高益を達成しています。燃料価格の下落とともに、「家庭向け」の電気料金の値上げが収益の大幅改善につながったそうですが、電気代を払うほうからすれば、何となく腑に落ちない話です。

原発事故が起きても、復興で利益を上げる厚かましさ

原子力関連企業にしても、事情は似たようなものです。典型的な受注ビジネスなのでリスクはなく、原子炉も「沸騰水型」（東日本）が東芝エネルギーシステムズ、日立GEニュークリア・エナジー）、「加圧水型」（西日本）が三菱重工と棲み分けされていて、競争はありません。いったん受注すれば、定期点検や部品交換などでさらに利益を上げられます。

原発建設で大儲けしたゼネコンが、福島第一原発事故後は、「除染」で大儲けしています。「除染」とはもともと汚染を除くという意味ですが、汚染の正体は放射能で、人間には放射能を消す能力はありません。したがって、言葉の本来の意味で言えば、「除染」はできないことになります。行ったのは家や学校、道路などの土を剥ぎ取り、フレコンバッグと呼ばれる袋に詰めて、別の場所に運んでいるだけです。私はその作業を「移染」と呼んでいるのですが、これもゼネコンの利益になるのです。たくましいというか厚かましいというか、とにかく原子力マフィアの強欲ぶりには呆れ果てます。

福島県浜通りでは「国際研究産業都市（イノベーションコースト）構想」と称して、廃炉・ロボット・エネルギー・農林水産事業に取り組むプランがあります。日立製作所、三菱重工、東芝などの原子力産業、鹿島建設、大林組、熊谷組などのゼネコンが受注を得て大規模工事を進める計画です。原子力マフィアの一員である製造業、運輸・小売・サービス業なども参画す

ることでしょう。まだ苦しい避難生活を続ける人が2万人以上もいる中で、原子力マフィアは貪欲に利益を求め続けます。

電通をはじめとする広告会社は、今は「風評払拭」と称して福島第一原発事故を忘れさせるための宣伝をテレビ、新聞、雑誌などを使って大々的に進め、大儲けしています。責任を取らず、新たな大儲けができるのだから笑いが止まりません。原子力マフィアにとって、原発はいくらでもカネが落ちてくる打ち出の小槌みたいなものです。

原子力マフィアの中には、原発に関わらなくてもやっていける企業が少なくないはずです。本来の新しいモノ作りに力を注ぐ、真っ当な経営に立ち戻ってほしいと心から思います。

原子力マフィアが狙う原発の新設と再稼働

国は2023年2月、「廃炉を決めた原発の敷地内で建て替えを検討する」という方針をまとめました。原子炉メーカー3社も「革新軽水炉」による建て替えプランを準備していると伝えられています。何が革新かと言うと安全を高めたものとしていますが、基本的な構造や危険性に変わりはありません。これはヨーロッパで取り組みを始め、フランスとフィンランドで製造が開始されましたが、コストが莫大で完成には至らないと私は予想しています。中国では稼働を始めましたが、トラブルが相次いでいるなど、実用化は無理な情勢です。

そのような情報を、原子力マフィアが知らないはずはありません。知っていても強行突破しようとしているのです。それは原子力マフィア全体の利益を守り抜き、近い将来に核兵器を持つために原発が必要だからです。原発が廃絶されたら、この二つが同時に失われてしまうことになります。しかし私は、この建て替え計画が順調に進むのは難しいと思っています。コスト面だけでなく、能登半島地震によって日本に原発がある危険性が改めてクローズアップされたからです。

たとえ順調にいったとしても、革新軽水炉の営業運転が実現するためには今後10年以上の時間がかかります。そこで原子力マフィアの一員である経済団体連合会（経団連）の十倉雅和会長（住友化学会長）は2023年11月28日、北電志賀原発を視察し、「一刻も早い再稼働を」とぶち上げました。経団連は大企業が加入する日本最大の経済団体で、原子力マフィアの総元締めと言っていい存在ですから、この発言も当然でしょう。

再稼働のコストは、原子力規制委員会が定めた「新規制基準」に対応するため、1基平均で2000億円と見積もられています。もちろんここにも原子力マフィアの各社が群がることになりますが、そのコストは国でも電力会社でもなく、消費者が電気使用料として支払うことになります。

この国の司法は、三権分立の原則を忘れてしまった

国と東電の責任を問わない判決に、怒りを覚える

別に原発関連の裁判に限ったことではないのですが、たとえば沖縄・辺野古の移駐問題でも、国が絡む事案で司法が市民の側の主張を認めることは、昔からほぼありません。司法の世界には、権力におもねる裁判官ばかりが巣食っています。

本来、裁判官とは法と正義、倫理に基づいて判決を下す人たちであり、道理のある訴えには道理のある判決が出されるはずです。でも、そんな希望は昔から実現されたことがありません。私は女川原発訴訟（1972年〜）に関わりましたし、四国電力の伊方原発の安全審査の取り消し訴訟（1973〜92年）にも積極的に取り組みました。しかし今、この国の司法は、三権分立の一翼を担っているという矜持（きょうじ）を失っているように見えます。そんな現実を目の当たりにした私は、裁判に訴えるより毎日の生活の中で、福島第一原発事故に被災された人々の中で、そして原発を押しつけられて苦しむ人々とともに、原発廃絶の運動を続けるのがいいのではないかと思うようになりました。

直近の三つの裁判も、残念ながら私のそうした思いを補強しました。福島県、宮城県、茨城県、栃木県に住み被災した3650人が国と東電に損害賠償を求める訴訟を起こしましたが、その二審判決（2020年9月30日）で仙台高裁は国と東電の責任を認め、原告3550人に総額10億1000万円の賠償を命じました。一審では5億円の賠償額でしたので、金額として倍増にはなったわけです。ただし1人当たり、30万円にも足りない金額です。国と東電の責任を認めたことはそれなりに評価しますが、この金額は生活を破壊された被災者に対してあまりに低すぎます。国と東電の責任は、その程度の軽いものであると判断したとも受け取れます。裁判官が、被災者の苦しみを全く分かっていないことに、私は愕然とするばかりでした。

もうひとつは、さらに悪質な判決でした。

2023年1月18日、東京高裁で東電経営陣の原発事故の責任を問う控訴審の判決がありました。一審に次いで全員無罪です。福島第一原発事故で事故関連死2300人、事故後1年3カ月時点で約16万人が避難生活を送り、100万人単位の被曝者を出した「人災」にもかかわらず、誰も責任を取らなくていいという判決です。原告や傍聴の人々が悔し涙を流したと聞きましたが、私がその場にいたら裁判官を非難する声をあげて、退廷を命じられたかもしれません。

最高裁はなぜ、国の賠償責任を認めないのか

2022年6月17日、最高裁第二小法廷（菅野博之裁判長）は、福島第一原発で被害を受け

た住民を原告とする4件の集団訴訟で、国の責任を認めない判決を下しました。

裁判の大きな論点になったのが、「福島第一原発を襲った巨大津波を国が予見できたか」「予見可能であった場合、事故を防げたか」です。国は実際の地震、津波が想定外のもので、東電に津波対策を命じていても浸水を防げなかったと主張し、最高裁第二小法廷は、その言い分を認める形になりました。しかし、「想定外」で無罪放免されるなら、何でもありの世界になってしまいます。

原発は、「国策民営」で進めてきたエネルギー事業です。国は電力会社の利益を保証する法律も作るなど、一心同体の関係にあります。東電の責任は、国の責任です。たとえどちらか一方のミスであっても、両者は共同で責任を負うべきなのです。

福島第一原発事故で分かるように、被災者、被曝者の救済と賠償は広範かつ膨大なものになります。事故の直接の責任が東電にあるにしても、福島原発が安全だとお墨付きを与えた国がその責任を取らなくていいことになっては、理屈が通りません。これでは福島第一原発事故にもともと無責任な対応してきた国に、「もっと無責任になってもいいよ」というお墨付きを与えるようなものです。

事故があれば責任を取らせるという司法の覚悟があれば、国も安易に原発の新設や再稼働ができなくなります。しかしこの最高裁の判断は今後、国や電力会社を励ます特効薬になるでしょう。本当に残念なことです。

この裁判を担当した菅野博之裁判長は、翌月に退官して大手弁護士事務所の顧問に就任しました。判事にも職業選択の自由はありますが、その弁護士事務所が東電とも関わりがあるということを知り、私は呆れました。「司法だけは、まともであってほしい」という私の小さな希望は完全に消え失せました。「この国はもう駄目かもしれない」という諦観に襲われた時、私は『季節』という雑誌で、原発の危険性を知る元判事と対談する機会を得たのです。

裁判官自身が、憲法違反を犯しているような現実がある

その人は樋口英明さん。関西電力大飯原発3・4号機の運転差し止めを命じる判決（2014年）、福井県と近畿地方の住民が関西電力高浜原発3・4号機の再稼働差し止めを求めた仮処分申請に対し、住民側の申し立てを認める決定（2015年）を出した元裁判官です。

樋口さんとお会いするのは初めてではありませんでしたが、裁判官論については意見の食い違いもあります。特に最高裁で「福島第一原発事故」の責任が国にはないというひどい判決が出て、しかもその判決を出した連中が原子力マフィアと繋がっているというのですから、私は裁判官を信じられなくなりました。樋口さんは、「ほとんどがまともな裁判官ですよ」と力説しながら、福島原発事故の国家賠償を認めなかった最高裁の裁判官は、「憲法七十六条が求める法と良心に基づく裁判ではなく、情実で裁判をしている。憲法違反だ。こんな最高裁なら何をしても勝てない」と自著のあとがきに書いています。

樋口さんの大飯原発の運転差し止め命令の判決文を読んで、私は非常に感激したことを今でもよく覚えています。しかし現在は、そのような判決を出すことは難しくなったというのが実感です。

樋口さんとはマスコミ論、憲法論、平和論など多岐にわたって議論しました。法律家ですから、私と意見が異なって当然です。しかし、極めて率直な議論ができる法律家がいることは心強い限りです。樋口さんは裁判官を辞めたあと、普通なら弁護士になる道を選ばず、原発を止めさせる運動を続けています。その生き方と、次のような言葉に、私は強い共感を覚えます。

「どの程度の危険があれば、差し止めを認めるかについては争いがあるでしょうが、私は、万が一の危険があったら許さないという立場です」

「原発事故が国を滅ぼしかねないということが分かっていれば、原発事故の原因になりかねない津波の情報には最大限の関心を払うべきで、それを怠れば刑事責任を問えると思います」

私自身は原子力に関する裁判に関わるつもりはありませんが、原発再稼働の差し止めなど一縷の望みを持って裁判に訴える人々の行動は支持します。それだけに裁判官には、権力におもねることのない、まともな「法の番人」としての役割を強く求めたいと思います。樋口さんのような裁判官もいたのですから。

原子力マフィアと結託しているという点では、司法より悪辣なのが新聞、テレビなどのマスコミかもしれません。樋口さんも、裁判官としてマスコミの犯罪性を強調していました。

私がここで言うマスコミとは、朝日・読売などの大新聞、NHKや全国ネットのテレビ局を指します。私はしばしばマスコミを批判していますが、それはその役割に期待している裏返しみたいなものです。

国の広報機関に成り下がったマスコミは、福島第一原発事故の共犯者

「新しい戦前」の道を歩むジャーナリズム

残念ながらその期待は、裏切られ続けています。この国のマスコミは、原発ばかりではなく憲法、軍事、外交などありとあらゆる分野で、国の見解や方向性について異議を挟みません。戦前の新聞やラジオがウソだらけの「大本営発表」を垂れ流し、何十万という国民を戦場に送り出し、アジア諸国に侵略して残虐な行為を働くことに加担しました。それとほぼ同じことを、今のマスコミはひっそりと踏襲しているようです。

ジャーナリストとは世の中の動きの表面だけではなく、深い部分に視線を向けるべきだと思います。新聞論調を見ると「日米安全保障条約」についても、あるのが当たり前で、その危険性に触れようともしません。憲法は権力者の横暴を抑えるためのものであるのに、その権力者

が自ら憲法改正に手を出す「ルール違反」にも目をつぶったままです。軍事費の倍増にも、マイナンバーカードのいかがわしさにも、マスコミは深い洞察を加えようとしません。このように何でもかんでも、現在を肯定する姿勢には辟易（へきえき）するほどです。原発についても同じで、あることが前提の記事ばかりです。

福島第一原発事故の際、国と東電は国民に「計画停電」という愚策を強制しました。愚策と断じるのは、電力は不足していなかったからです。それにもかかわらず国と東電は、「たとえ原発事故があっても、原発がないと電力不足になる」という宣伝を繰り広げました。原発事故によって、原発不要論が勢いを増すことを恐れたのです。そのプロパガンダを、マスコミは何の検証もなく報道しました。事故後も事あるごとに、「原発を動かさないと停電するぞ」というウソがまかり通っているのは、マスコミの責任と言ってもいいでしょう。

マスコミは、福島第一原発事故の責任から免れられない

現在、この国の原発で稼働しているのは57基中12基（2基は停止中）にすぎませんが、電力は全く不足していないのです。マスコミもそれを知らないわけではないのに、なぜそれを大々的に記事にしないのか、私には理解できません。記事にすれば、「原発はいらない」という結論になってしまうことを恐れているのでしょうか。

第3章で触れますが、福島第一原発事故の汚染水を「処理水」と詐称することにも、マスコ

ミは加担しました。「処理水」の内容を少しでも検証すれば、その言葉がウソであることなど、すぐに分かります。私に問い合わせをしてくれれば、きちんと説明できます。記者たちの勉強不足か、あるいは処理水の正体を知っていて国の方針に従ったかのどちらかです。どちらにしても恥ずかしい行為です。

国や電力会社にとっては不都合でも、真実を追求し記事にするのがジャーナリストの仕事ではありませんか。しかし、このようなことを言っても、時間の無駄かもしれません。東電の記者会見で的を射た質問をするフリージャーナリストに対し、大きな声で野次を飛ばし妨害する大新聞やテレビ局の記者がいました。彼らの振る舞いは、かつて株主総会で会社側に立って株主を脅し、議事進行を支えた総会屋と何ら変わりません。

そのような真似をする背景には、電力会社が新聞、テレビ局にばら撒いてきた膨大な「広告費」があります。報道の自由もへったくれもありません。カネのために膝を折るジャーナリスト、経営のために国の広報機関に成り下がったマスコミ各社は、福島第一原発事故の共犯者です。もちろん、原子力専門家の私にも事故の責任があり、その落とし前をつけるために原発廃絶を主張する道を歩むようになりました。ではマスコミは、いったいどのような形で責任を取るのでしょうか。

原発問題で「中立」を装うのは欺瞞だ

意見の割れるような案件を記事にする時、多くの新聞、テレビの報道番組では「両論併記」が常道になっています。それが公平だと思っているからでしょう。しかし原発に関しては、このような中立を装うことは欺瞞（ぎまん）です。原発を廃絶するのは放射能と無縁の生活を送る「生」を意味し、原発を認めるのは事故を覚悟して、いざとなれば「死」を選ぶことだからです。生と死の間に真ん中はありません。生か死なのです。

かつての朝日新聞は、「イエス、バット……原発は認める。しかし、何か問題があれば物言うよ」という姿勢でした。福島第一原発事故が起きた直後、世論が脱原発に大きく傾いた時、当時の民主党政権が2030年までに原発撤廃を唱えたこともあり、朝日新聞も同じような主張をするようになりました。

この問題で朝日新聞の記者と話をしていて私は、「2030年まで20年間も原発の危険を放置できない。朝日新聞も原発の即時撤廃を主張してください」と言いました。私は福島第一原発事故のはるか前から、地震大国に建つ原発の危険性、放射能という毒物の怖さなどについて書いたり話したりしてきました。しかし事故直後、私にコメントを求めてきた新聞社、テレビ局はほぼありませんでした。事故を起こした原発の状態、事故が拡大しない方策などについて、国や東電の一方的な情報が氾濫（はんらん）する中、できる限り正確な情報を発信したいと私は思いました。

幸い、毎日放送（MBS＝大阪）のラジオ番組「たね蒔きジャーナル」に1年間出演してその希望は叶えられたのですが、私を出演させたことが原子力マフィアの逆鱗に触れたのか、1年後に番組自体が消滅してしまいました。心ある視聴者や熱心な番組スタッフには申し訳なかったのですが、ラジオ番組のひとつくらい軽く潰す力を、原子力マフィアが持っていることを思い知りました。

「長いものには巻かれない」のが私の信条なので、その後も私にできる手段を使って原発廃絶の主張を続けています。国と東電の福島第一原発事故責任については、これからも追及し続けたいと思います。なぜなら原発は核兵器と繋がり、平和憲法を蔑ろにし、この国を「戦争のできる国」へと引き摺り込む道と繋がっているからです。

活断層は、原発リスクをさらに大きいものにする

能登半島地震の被災地では、少しずつですが復興の兆しが見えてきました。しかしこの地域は、今後とも地震への備えを緩めるわけにはいかないようです。今回の地震の要因となった活断層について、国による評価が定まっていませんでした。しかし、産業技術研究所のチームが2010年、船を使った調査などから海底活断層があることを報告しています。国土交通省も14年、能登半島北岸に沿う断層を想定しています。

このような報告や想定がありながら、国としては活断層の評価に乗り出しませんでした。な

ぜでしょうか？　石川県に隣接する福井県には大飯原発（関西電力）、新潟県には柏崎刈羽原発があり、これらについても活断層の有無が論議されています。原子力推進の道をひた走る国や原子力マフィアにとって、活断層は大きな障害になっているのです。できれば、原発付近の海底や施設の近くや直下に、「活断層はない」ということにしたいのだと思います。まさかとは思いますが、だから活断層調査に乗り気ではなかったのかもしれません。こんな邪推を思い浮かべるのは辛いことですが、これまで国をはじめとする原子力マフィアが犯してきたウソ、隠蔽の数々を忘れるわけにはいかないのです。

活断層の動きを予知することも止めることも、人間にはできません。石川県が活断層が引き起こす地震の被害を1997年にまとめていますが、それによると死者は7人、全壊家屋は120棟です。実際は死者が245人、全壊家屋は8000棟を超えています。このように想定を大きく上回る被害が出ているのですが、これは活断層の影響を過小評価したためでしょう。

人間の力で活断層をコントロールできない以上、人々の命を守るためには地震に弱い原発を廃絶するのが一番という結論に達します。それが最善のリスク管理です。当面、志賀原発2号機、柏崎刈羽原発6・7号機の再稼働を阻止するために、私も私に残された力を使いたいと思います。

第2章

福島第一原発事故は、国と東電による「人災」

原子力への夢は、露と消えてしまった。反原発では足りない、原発廃絶こそ目標

原発は、さまざまな差別を生む

私は定年退職しましたが、長い間、京都大学原子炉実験所に勤務していましたので、「そのようなところに長く働いていたのに、なぜ原発に反対するのか」という質問を時々受けることがあります。ただ、京都大学原子炉実験所は原発推進のための組織ではなく、中性子という素粒子を利用して基礎的な研究をする場です。約80人の研究教育に携わる人がいましたが、ほとんどの人は原発に興味すらありません。もちろん個人的には原発推進派もいれば、私のような原発反対派もいました。ある意味、自由な雰囲気ではありましたが、国立大学で国策の原子力発電（原発）に反対するのですから、私は定年退職するまで最下層の教員として「助教」のままでした。

しかし、生活に困らない程度のお金が得られて、好きな研究に打ち込めたのですから、私にとっては、最高の職場でした。

私は原発の危険性を訴え続けましたし、地位やお金を持とうとしない限り、自由に生きてい

けることを知りました。誰からも命令されず、誰にも命令をせずに済んだ恵まれた人生だったと感謝します。

私はあらゆる差別に反対しています。原発がもたらす最大の差別は、「原発は電力の大消費地である都会ではなく、その電力をほとんど使わない人口の少ない地方に作る」ことです。そして福島第一原発のような事故が起きれば、地域の人々を無慈悲に切り捨てることも平気でやる。汚染地域に人々を取り残しても、原発政策の存続を図る。原発現場の作業員が被曝することにも目をつぶる。やることなすこと、人々に「生きたくない生き方」を強いてくるのです。このような差別を見逃したくありません。

「鉄腕アトム」に憧れた子ども時代

私は東京・上野と浅草のちょうど真ん中あたりで生まれ、育ちました。その頃の東京の下町は、江戸情緒が残る実にいい所でした。自宅から200メートル圏内に精肉店、青果店、乾物店、豆腐店、薬局、銭湯などがあり、徒歩圏内で十分に生活ができたのです。本当に住みやすい町でした。子どもの頃は、手塚治虫の「鉄腕アトム」という漫画が流行(はや)っていた時代でした。アトムは原子力で動いているし、妹はウラン、弟はコバルトという名前です。その影響で、子ども心に「これからは原子力の時代だ」という思いが芽生えたのだと思います。

中学生、高校生の頃になると、東京都内でよく開かれていた広島・長崎の「原爆展」を見に行くようになりました。酷（むご）い兵器である原爆に激しい怒りを覚え、被爆者の方々の無念や苦しみに心を寄せる一方で、すさまじいほどのエネルギーが原子力にあることも知りました。

もともと私は中学・高校時代は地質部に所属してあちこちの山に入り、石ころを拾って集めるようなことをしていました。

岩手県出身で、『銀河鉄道の夜』などの作品で知られる宮沢賢治さんは、詩人・童話作家でありながら農業や鉱物にも関心の高い人で、私は賢治さんのような世界で生きようと思っていました。しかし高校を卒業する頃、原子力を兵器ではなく平和利用すれば、人々に恩恵をもたらし世界を大きく変えることができるのではないか、これから人類が生き延びていくためには原子力が必要なのではないかと思い込むようになり、東北大学工学部原子核工学科に進学しました。１９６８年のことです。

当時、東京大学や京都大学などの国立大学の他、同志社、立命館、早稲田、明治、法政、日本などの私立大学でも、反権力という旗を掲げた学生運動が燎原（りょうげん）の火のように広がっていました。東北大学にもその兆しはありましたが、私は原子力をひたすら勉強したかったので、学生運動にはほとんど興味も関心もありませんでした。

ところが１９６９年1月18日。大学の生活協同組合の購買部のテレビで、東大生を中心にした各大学の全学共闘会議（全共闘）の学生が占拠する東大安田講堂が、機動隊によって封鎖が解除されるというニュースを目にしたのです。重機や放水車などで武装した機動隊に、全共闘の学生が勝てるはずがありません。私はその映像を観ながら、「全共闘の学生たちは一体、何を目的にやっているのだろう」「自分の将来をかけてまで、闘う必要などあるのだろうか」「こういう時代に自分は、一体何をやっているのだろう」など、あれこれと考えるようになりました。

女川原発が大転機のきっかけとなった

東北大学は宮城県仙台市にあります。そこから直線距離で約60キロメートルのところにある女川（おながわ）という町に、東北電力が原発を作る計画が持ち上がりました。当時は日本中が原発賛成の空気に溢れていて、原子力に夢を抱いていた私も、初めはその計画を歓迎しました。そんな折、女川の人たちが「原発が安全と言うなら、仙台市に作れ。なぜ自分たちの町に作るのか」と声をあげ始めました。その声を聴き、本当になぜなんだろうかという疑問が湧きました。電力の大消費地である仙台ではなく、女川という随分と離れた小さな町に原発を作るのはなぜなのかという疑問です。

その疑問に答えようとした私の中で、大学闘争と「女川原発」がつながったのです。私が学ぶ原子力が社会的にどういう意味を持っているのか、それに答える責任が私にあるし、大学闘争はそのことを問うていたのだと気づきました。では、何をすればいいのか。それなりの時間はかかりましたが、勉強を重ねていくうちに原発の危険性がとてつもなく大きいことを知り、「原発をやめさせるために、原子力を学ぶ」という結論に達したのです。

1970年10月23日、原発予定地周辺の雄勝・女川・牡鹿各町の漁業者を中心に結成された、三町期成同盟会が建設反対集会を開催しました。私はそれに参加することで、「もう引き下がれない」と覚悟を決めました。それ以降の私は、原発をやめさせようという方向に自分の人生の舵を大きく切ることになります。

大学闘争が続いていた間、原子核工学科の同級生の中には、原発の問題点に気付き、私と一緒に女川原発に反対してくれる学生もいました。でも大学闘争の流れが引いて行くとともに、原発の危険性に気付いた学生も含め、卒業後は電力会社、原子力産業、研究機関、官僚などの道に進みました。私は就職先として、原発の総本山である電力中央研究所を目指し、原発の総本山の内部から原発を潰そうと思いました。でも、おそらく、「女川原発の反対運動をやっている」ことが知られたのでしょう。内定取り消しになりました。その後、京都大学原子炉実験所の公募に応募し、採用してもらえることになりました。

いろいろな分野から人材が集まった研究の場

京都大学には理学部、農学部、医学部などがあり、その中には中性子を使って放射線を研究したいという研究者がいます。どうやったら中性子を使えるかと考え、「だったら、原子炉を作れば中性子はいくらでも出てくる」ということで出来たのが、大阪府泉南郡熊取町にある原子炉実験所です。

当時、約200人の所員がいて、そのうち研究教育に携わっているのは約80人で、理学や工学、農学、医学など各分野からさまざまな研究者が集まっていました。興味や研究の対象は原発ではなく、むしろ原発の知識のない人がほとんどでした。

そのような中で私には、原発をやめさせようという考えを共有する仲間ができたのです。新聞やテレビで、「熊取六人組」（海老澤徹、小林圭二、瀬尾健、川野眞治、今中哲二、私）などと呼ばれたりしました。専門分野はバラバラですが、原発をやめさせるという一点で連帯し、グループとして活動するようになりました。一人ではとても手には負えない資料やデータを共有できたので、とてもありがたい仲間でした。

私が入所したのは1974年です。その前年の1973年秋に、四国電力の伊方原発（愛媛県）の安全審査を国が許可したのですが、その内容があまりに杜撰（ずさん）で、取り消しを要求する裁判が始まっており、私も原子炉実験所の4人に続いて参加しました。それぞれ、異なる分野から論陣を張り原発の危険性をあぶり出したのです。

日本の各地からも研究者が駆けつけるなど、裁判は大いに盛り上がりました。残念ながら23年という長期にわたった裁判には敗北しましたが、原発の危険性と原発推進派の本性を暴き出したという点では、とても有意義な敗北でした。

「核分裂反応」は兵器になるための宿命を負っていた

放射能の正体を突き止めたキュリー夫妻

私は少年時代に原子力に夢を抱き、大学生時代にその夢を捨てました。幼かったとはいえ、私にそのような夢を抱かせた原子力とは、一体どのようなエネルギーなのでしょうか。原発の危険性を改めて知っていただくためにも、少しその歴史を追ってみたいと思います。

人類が放射線を発見したのは1895年、ドイツの物理学者ヴィルヘルム・レントゲン（1845〜1923年）が最初でした。その時レントゲンは陰極線管という実験装置を使っていて、そこから目に見えない不思議な光が出ていることを見つけます。そしてそれを未知のものという意味で、「X線」と名付けました。

それ以降、たくさんの人たちがX線の正体を探るための研究を始めるようになります。1896年にはフランスの物理・化学者アンリ・ベクレル（1852〜1908年）が人工の実験装置ではなく、自然にある物質であるウラン鉱石からも同じような光線が出ていることを発見します。そして、不思議な光を放出する能力を放射能と名づけました。

1898年には、キュリー夫妻がウラン鉱石の中からラジウムとポロニウムを分離し、それらこそが放射能を持っている正体であることを突き止めて、放射性物質と名づけました。この時代は大変優秀な学者たちが活躍した時代でしたが、いかんせん当時は放射線が何であるか、放射能が何であるかを知らない時代でしたし、被曝することがどれだけ恐ろしいことかも知りませんでした。そのため、放射線の発見直後から、多くの研究者に火傷など急性の放射線障害が現れ、放射線に被曝をするのが生命体にとって有害であることが、事実として分かってきました。

それでも当時は、皮膚が赤くなることが生命体にとって危険なレベルと判断し、それが被曝限度とされていました。現代の常識からすれば、ほぼ無防備状態のようなものです。そのため、夫のフランス人ピエール・キュリー（1859〜1906年）は身体を壊し、道路をふらふらと歩いていた時に馬車にはねられて死亡、ノーベル物理学賞（1903年）、同化学賞（1911年）を受賞したポーランド人の妻マリー・キュリー（1867〜1934年）も白血病で死ぬことになりました。そうして、五感に感じない放射線に被曝して、キュリー夫妻を含めたくさんの人たちが命を落としたのです。

ドイツの科学者オットー・ハーンが、ウランの核分裂現象を発見

今、ここに灯油1キログラムと火薬1キログラムがあるとしましょう。それぞれに火を点け

たとして、どちらがどれだけ多くのエネルギーを出すでしょうか？　正解は、灯油1キログラムが出すエネルギーが約1万キロカロリー、火薬1キログラムが出すエネルギーは約1000キロカロリーです。

火薬と言えば、莫大なエネルギーを出すように思われがちですが、実際には火薬は灯油の10分の1のエネルギーしか出しません。灯油を含め物が燃えるということは、その物質が酸素と結びつく反応を意味します。したがって、酸素がなければ物は燃えないし、供給できる酸素の量に見合った形でしか反応は進みません。しかし、火薬は爆発現象を引き起こさせたいのであり、酸素の供給に見合ったスピードでしか燃えないというのでは話になりません。そこで、酸素がなくても燃えるように工夫を重ね、ようやくにして得られたのが火薬です。しかしそのために、反応で得られるエネルギーは大幅に犠牲にされてしまいました。

1938年末、ナチス・ドイツ政権下で化学者オットー・ハーン（1879〜1968年）と、オーストリアの女性物理学者リーゼ・マイトナー（1878〜1968年）がウランの核分裂現象を発見しました。この現象から莫大なエネルギーが放出されることが分かりましたが、重要なことがもうひとつありました。すなわち、ウランは中性子と結合して燃える、つまり核分裂という現象を起こしますが、この反応の場合、1個の中性子を吸収して核分裂を起こすと、2個あるいは3個の中性子が飛び出してくることです。すなわち、初めの中性子さえ供給すれば、あとは反応が自立的にネズミ算式に拡大していくのでした。まさに爆発現象を引き起こすための条件で、核分裂反応はその反応で放出される莫大なエネルギーを一切犠牲にせず、爆発現象を起こします。この時代は第二次世界戦争前夜であり、この物理現象は一気に原爆へと開花していきます。そのことを不幸なことであったという人がいますが、もともと核分裂反応は、その本性からして爆弾向けなのです。

プルトニウムで原爆を作る

オットー・ハーンがウランの核分裂現象を発見したのは、第二次世界戦争の前夜、1938年の暮れも押し詰まった頃でした。ナチスの迫害を逃れて米国に移っていたアルベルト・アインシュタイン（1879～1955年）をはじめとする優秀な科学者たちがその情報を知り、ナチスより先に原爆を作らなければいけないとルーズベルト大統領に進言し、米国の原爆製造計画である「マンハッタン計画」が始まります。5万人にのぼる科学者、技術者を動員し、総計20億ドル（7300億円＝当時）という莫大な資金が投入されました（図1＝82ページ）。1940年当時の日本の国家予算が60億円、45年で220億円です。

計画当初、ウランを材料にして原爆を作る構想が生まれました。しかし、ウランと呼ぶ元素の大部分は「非核分裂性ウラン（U‐238）」で、「核分裂性ウラン（U‐235）」はわずか0・7パーセントしか存在しません。そのU‐235を集める作業を「ウラン濃縮」と呼びます。しかし、この「ウラン濃縮」という作業はとてつもないエネルギーを必要とする大変な作業でした。そのため、原爆炸裂時に放出されるエネルギーより、はるかに多くのエネルギーをウラン濃縮のためだけに使わなければなりませんでした。

一方、超優秀な科学者たちはU‐238を「核分裂性のプルトニウム（Pu‐239）」に変換し、Pu‐239で原爆を作る方法もあることに気付いたのです。そして、ワシントン州ハンフォードに巨大なプルトニウム製造用原子炉と、生み出されたプルトニウムを分離するための再処理工場が作られました。

こうしてマンハッタン計画では、ウラン原爆とプルトニウム原爆を作る作業が並行して進められました。結局、1945年夏になって米国は3発の原爆を完成させました。そのうち2発がプルトニウム原爆でした。1発は人類初の原爆として、米英ソ3国首脳が日本

図1. マンハッタン計画における2つの道

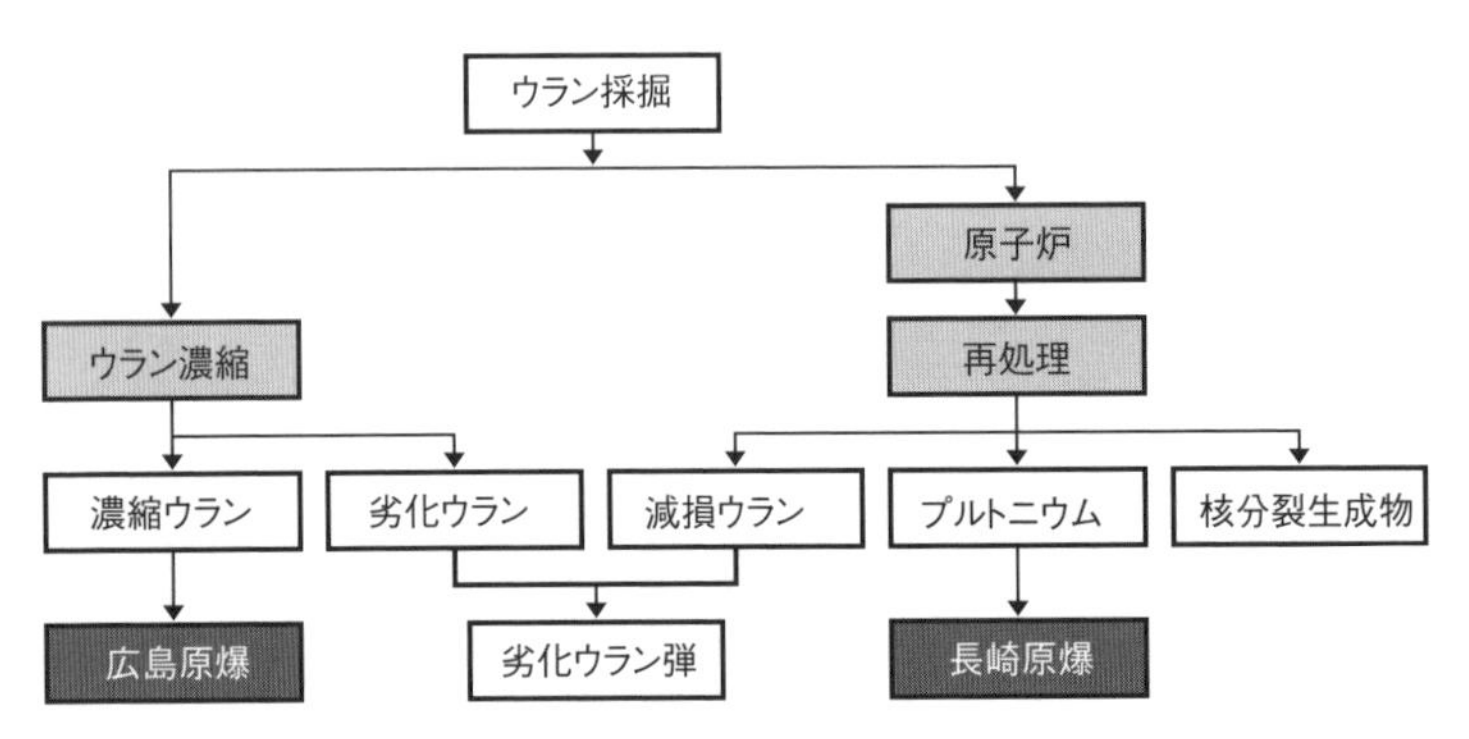

米国の原爆製造計画（マンハッタン計画）では、広島原爆を作るために「ウラン濃縮」、長崎原爆を作るために「原子炉」と「再処理技術」が開発された。それらが今、原子力「平和」利用と称して活用されている。

への降伏勧告を協議するポツダム会談の日に合わせ、米国の砂漠アラモゴルドで炸裂（トリニティ＝三位一体）。もう1発が長崎原爆・ファットマンとなりました。「核分裂性のウラン」で作られたウラン原爆は、広島に落とされたリトルボーイです。

長崎原爆の爆発力は火薬に換算して21キロトン（2万1000トン）、広島原爆は16キロトン（1万6000トン）です。それぞれ約10万人の人たちが苦しみのうちに短期間で亡くなり、生き延びた「被曝者」も、かけがえのない人生の大部分、あるいは一部を奪われることになったのです。

戦争責任のある人たちの多くが戦後、政治家や官僚として、あるいは企業人としてのうのうと裕福に暮らしてきました。それに対し、人生や人間の尊厳を奪われた広島や長崎で被爆した人々の境遇はどうでしょう。あまりにも、違いすぎます。長崎の被曝者の「私たちは人間らしく生きられず、人間らしく死ぬこともできないのか」という言葉を忘れることはできません。忘れてはいけないとも思います。戦前・戦中の圧政に苦しんだうえに、原爆という無差別殺戮兵器でも苦しむことになったのです。

このような不平等、差別を生み出すのが核（＝原子力）なのです。その差別は、現在にも形を変えつつ引き継がれています。

プルトニウムは、人間が決して手を出してはいけない「死の黄金」

半減期2万4000年のプルトニウムは、人間の手に負えない

現在、原爆のほとんどはプルトニウムを材料に作られています。原子炉さえ建ててしまえば、あとは自動的にプルトニウムが生み出されるからです。こんな簡単なことはありませんが、半減期2万4000年でα（アルファー）線を出しながら崩壊するこの放射性核種は、生命体に対する危険度が著しく高く、わずか100万分の1グラムを吸入しただけで肺がん死するほどの超猛毒物質なのです。これを原爆として使用すれば、その気が遠くなるほど長期間続く毒性は人類全体に、そして地球環境全体に大きな脅威となります。しかし、「戦争したい国」にとっては喉（のど）から手が出るほど貴重な「黄金物質」なのです。

プルトニウムが核分裂する性格を持っているというのは、原爆の材料としてだけでなく、原子炉の燃料として使えることを意味します。現実に、それを目標に計画されたのが高速増殖炉「もんじゅ」であり、六ヶ所再処理工場です。

日本の核政策がここに至るには、米国の政策変換があります。原子力の軍事利用に邁進して

いた米国のアイゼンハワー大統領は1953年、核軍備拡張競争（軍拡競争）への歯止めを求める米国民の声を背景に、ニューヨークの国連本会議で「原子力平和利用宣言＝Atoms for Peace」を発表しました。

この宣言の中でアイゼンハワー大統領は、軍拡競争の中止と、原子力の平和利用を世界に呼びかけたのです。また、米国がこれまで機密情報として取り扱っていた原子力技術を、平和利用に供する目的であれば、他国に向けて積極的に開示し、技術支援を進めていく方針を打ち出しました。しかし米国という国は、善意でこの方針を打ち出したわけではありません。本当の意図は、核兵器製造のためにすでに作り過ぎてしまった濃縮工場を、自国の重荷にならないようにすることでした。また、原発を世界に拡散してしまえば、それは必然的に核を拡散することにもなります。そのため1957年、国際原子力機関（International Atomic Energy Agency：IAEA）を設立して、他国の核開発を厳重に監視する体制を作りました。

1966年、日本初の原発が営業運転を開始

第二次世界戦争後、敗戦国である日本は核兵器に転用できる研究を禁止され、核製造技術の研究をしていた東京大学、京都大学、理化学研究所などの研究施設はことごとく潰されてしまいました。

日本に原子力研究が許可されたのは1952年にサンフランシスコ講和条約が発効し、非占

領国から形式上独立国に戻ってからのことです。しかしその時すでに、米国、英国、フランス、ソ連（当時）などは原子力の研究ではるか前を行っていました。日本初の商業用原発は1966年に営業運転を始めた東海発電所（日本原子力発電　茨城県）です。しかし、この原発は日本が開発したわけではなく、英国から買ったものです。

その後は米国のウェスティング・ハウス（WH＝加圧水型原子炉）の技術を関西電力と三菱電機が、ジェネラル・エレクトリック（GE＝沸騰水型原子炉）の技術を東京電力（福島第一原発）、東芝、日立が買って、1970年以降、毎年1基ずつ原発建設を行ってきました。この時代、広島・長崎の原爆の記憶がまだ残る国民の目を眩ませるため、「原子力の平和利用」「原発の安全神話」が大々的に宣伝されました。国、電力会社、原子力産業、マスコミ、裁判所などで構成される「原子力ムラ」が、スタートするわけです。第一章で私は、これまで批判していた「原子力ムラの人々」について、「原子力マフィア」と呼び方を変えたとお知らせしましたので、今後はこれを使用することにします。

原子力をめぐる利権にまとわりつき、甘い汁を吸おうとした原子力マフィアですが、原子力の世界では次々と深刻な事故が続発しました。

放射線被曝の危険性を思い知ることに

たとえば1999年9月30日、茨城県東海村の核燃料加工工場（JCO）で、「臨界事故」

と呼ばれる事故が起こりました。ウランやプルトニウムといった核分裂性物質の原子核に中性子が衝突すると、その原子核は核分裂を起こし、核分裂に伴って2～3個の新たな中性子を放出します。その中性子がまた別の核分裂性物質の原子核に衝突するといったように核分裂反応が連続的に起こる状態を「臨界」と言いますが、工場にあった1つの容器の中で核分裂の連鎖反応が突然始まり、作業に当たっていた3人の労働者が大量の被曝をしたのです。

放射線の被曝量は、物体が吸収したエネルギー量で測ります。単位は「グレイ」で、物体1キログラム当たり1ジュール（0・24カロリー）のエネルギーを吸収した時の被曝量が1グレイです。従来の医学的な知見によると、およそ4グレイの被曝を受けると半数の人が死に、8グレイの被曝をすれば絶望と考えられてきました。（図2＝88ページ）

事故で被曝した労働者の被曝量はそれぞれ18、10、3グレイ当量（グレイ当量は、急性障害に関する中性子の危険度をガンマ線に比べて、1・7倍として補正した被曝量）と評価されました。特に高い被曝を受けた2人の労働者については単なる被曝治療（被曝の治療は実質的には感染予防と水分、栄養補給くらいしかない）では助けられないため、東大病院に搬送されました。その後、感染防止や水分・栄養補給はもちろん、骨髄移植、皮膚移植などありとあらゆる治療手段が施されました。

彼らは造血組織を破壊され、全身に火傷を負い、皮膚の再生能力を奪われていました。そして、天文学的な量の鎮痛剤（麻薬）と毎日10リットルを超える輸血や輸液を受けながら、苦しい闘病生活を送りました。彼らは私の予想をはるかに超えて延命しましたが、残念ながら最大の被曝を受けたOさんは12月に、2番目の被曝を受けたSさんは翌年4月に帰らぬ人となりました。

人間は体温が1度や2度上がっても、死に至ることはありません。しかし悲惨な死を強いられた2人の労働者が受けたエネルギーは、彼らの体温をわずか1000分の2〜4度上げたにすぎませんでした。被曝とは、それほど危険なものなのです。それを2人はかけがえのない命をもって、私たちに教えてくれたのだと思います。このJCO事故の一件だけでも、原子力マフィアが吹聴する「安全神話」が虚構であることを知るには十分です。

図2. 被曝による急性死確率とJCO作業員の被曝量

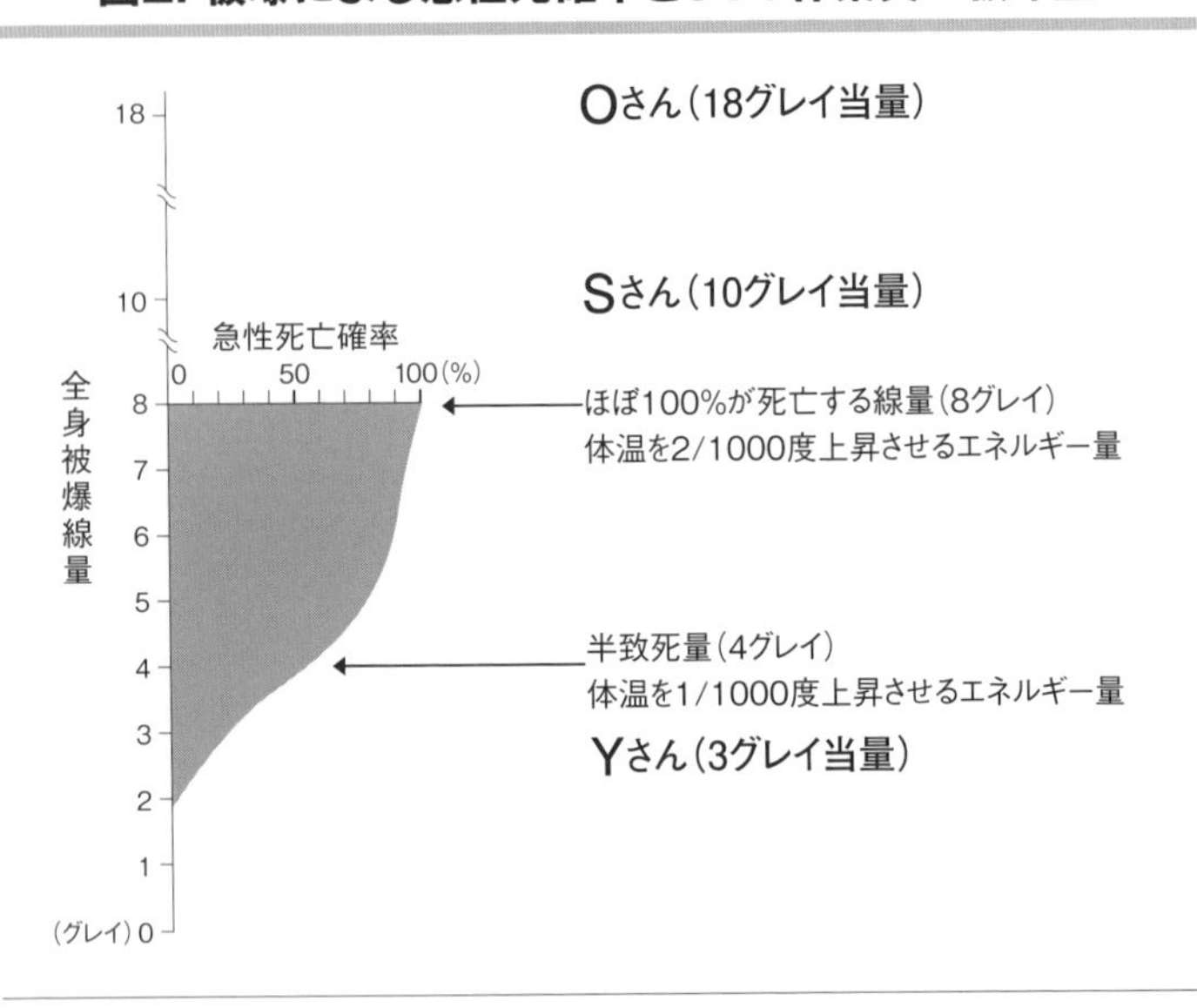

わずかの放射線被曝でも安全ではない

なぜ、ほんのわずかのエネルギーであっても、放射線に被曝する場合には人間が死んでしまうのかと言えば、生命体を構成している分子結合のエネルギーレベルと放射線の持つエネルギーレベルが10万倍から100万倍も異なっているからです。

私たちのDNAを含めた身体、さらにはこの世のほとんどすべての物質は分子で構成されています。分子とは原子が結合してできているものですが、原子がお互いに結びつくために使われているエネルギーは数eV（電子ボルト）程度です。しかしそれに対し、放射線のエネルギーは数十万から数百万、場合によっては数千万eVに達します。そのようなものが、身体に飛び込んでくれば、DNA含め多数の分子結合が切断されてしまい、がんをはじめとする重大な疾患を引き起こすのも当たり前です。

放射線が分子結合を切断・破壊するという現象は、被曝量が多いか少ないかには関係なく起こります。被曝量が多くて細胞が死んでしまったり、組織の機能が奪われたりすれば火傷、嘔吐(おうと)、脱毛、著しい場合には死などの急性障害が現れます。こうした障害の場合には、被曝量が少なければ症状自体が出ませんし、症状が出る最低の被曝量を「しきい値」と呼びます。ただ、この「しきい値」以下の被曝であっても、分子結合がダメージを受けること自体は避けられず、それが実際に人体に悪影響となって表れることを、私たちは知ることになりました。つまり、福島原発の汚染水について国や東電が盛んに宣伝するように、「国が決めた基準値以下であれば安全」などということはなく、どれほど微量の放射能でも危険なのです。

主な放射性物質と、身体の影響を見てみましょう（図3）。

ヨウ素131は半減期が短いので安心かといえば、そうではありません。それだけ短期間に猛烈な内部被曝を受けるということなのです。逆にプルトニウム239の半減期は2・4万年ですので、被曝した人は一生、身体の内部で放射線を浴びせ続けられることになります。

JCO事故ではおよそ20時間にわたって核分裂の連鎖反応が続きましたが、核分裂したウランの量は約1ミリグラムにすぎません。そんなわずかな量の核分裂でも、重大な被害をもたらします。

国内外の原発事故から、何も学ばなかった国と東電

広島・長崎の被爆者を半世紀にわたって調査したところ、50ミリシーベルトという被曝量に至るまで、がんや白血病になる確率が高くなることが統計学的にも明らかになってきました。そのため、確率的影響と呼ばれるこれらの障害については、それ以下であれば影響が生じないという「しきい値」がなく、かつどんなに低い被曝量であっても、被曝量に比例した影響が出ると考えるようになりました。この考え方を直線・しきい値なし（LNT＝Linear Non Threshold）と呼びます。

図3. 主な放射線核種

核種	半減期	特徴と体への影響
ヨウ素131	8日	核分裂で大量に生成する。人がヨウ素131を吸収する主な経路は、牧草→牛→牛乳→人の食物連鎖。放出量が多い場合は、飲料水や空気を経る経路にも注意。甲状腺被曝が一番問題で、チェルノブイリ原発事故では周辺住民に甲状腺がんが多発した。
セシウム137	30年	チェルノブイリ原発事故では、1㎡当たり50万ベクトル以上のセシウム137で汚染された。原発事故だけではなく、世界各地の再処理工場からも大量に放出されている。 性質が似ていることから、カリウムと置き換わりやすく、血液や筋肉に蓄積する。野菜にも含まれるが、特にキノコや魚が危険。
ストロンチウム90	28.8年	カルシウムと似た性質を持ち、水にも溶けやすい。体内摂取されると、一部は速やかに排出されるが、かなりの部分は骨に蓄積し、長期間にわたって放射線を出し続け、細胞や遺伝子に悪影響を与える。 福島第一原発事故以降、海水のストロンチウム90の濃度が上昇しており、海水魚には注意が必要。特に骨まで食べる小型魚が危険。
プルトニウム	2・4万年	ウランの中性子照射で生成される、非常に危険な核種。理論的には一度吸い込んだら、一生、内部被曝を受け続けることになる。人類が遭遇した最悪の物質とも言われ、その毒性は他の核種と比べると著しく高い。 最も危険な経路は、空気中に粒子状になったプルトニウムを口から吸い込むこと。肺やリンパ節に取り込まれるか、血液を通して血液と肝臓に沈着する。使用済み核燃料の再処理を経て、プルサーマル原子炉の燃料となる。

出所:『原発はいらない』(幻冬舎ルネッサンス)　原子力資料情報室のHPなどをもとに作成

原発では、これまでにもたくさんの事故が起きています。米国のスリーマイル島原発事故(1979年)、史上最悪といわれたソ連チェルノブイリ事故(1986年)が起き、国内では2007年7月16日、新潟県中越沖地震によって柏崎刈羽原発(新潟県・東京電力)の敷地に被害が及び、変圧器の火災などによって汚染水や放射性物質が環境に放出されるという事故が起きています。

これらの事故の原因や結果を国や東電は謙虚に受け止めず、例によって「他の原発は大丈夫だろう」と高をくくっていました。何より地震に対する対策に真剣に取り組んでこなかったことが、2011年の福島第一原子力発電所(福島第一原発)の世界最悪の事故につながりました。

原子力マフィアは、国民がこの事故の記憶を薄め、あるいは忘れてしまうよう、あれこれと手を尽くしてきました。たとえば2023年、柏崎刈羽原発の再稼働の準備が整ったと国や東電、原子力規制委員会は説明していますが、ほとんどの新聞はその事実を淡々と伝えるだけです。原発が地震に弱いことなど、知らん顔です。これこそ原子力マフィアが一貫して取り続けてきた「手口」なのです。ただ、その手口に風穴を開けたのが2024年元日に起きた能登半島地震と言えるかもしれません。

私は福島原発事故が過去のものではなく、今も続いていることをあらゆる機会を通じて、お伝えしています。破局的な事故が起きることなく、二度と人々の生存権が奪われることがないよう願っているからです。

福島第一原発事故は、予防策を講じなかった国と東電に全責任がある

観測史上最大の地震に、原発は耐えられなかった

２０１１年3月11日14時46分、太平洋三陸沖を震源とした東北地方太平洋沖地震（東日本大震災）が発生しました。地震の規模を示すマグニチュードは９・０。その地震が放出したエネルギーを広島原爆に換算すると、なんと2万９０００発分が震源地周辺で次々と爆発して断層を激しく揺り動かし、沿岸部には大津波が襲いかかったのです。東京電力福島第一原発も、その直撃を受けることになりました（図４＝94ページ）

京都大学原子炉実験所のある大阪府・熊取町の震度は2か3でしたが、インターネットでは観測史上最大の地震の有り様が刻々と伝えられてきました。避難される人たちの無事を祈りつつ私は、６基の原発を擁する福島第一原発がどうなっているかが、心配でなりませんでした。地震発生８分後から断続的に襲ってきた津波は、諸説ありますが、1時間後に高さ13メートルに達しました。

福島第一原発内は、地震直後から緊張した状態に陥ります。稼働していた1号機、2号機、

図4. 福島第一原発の立地と、主要施設の配置

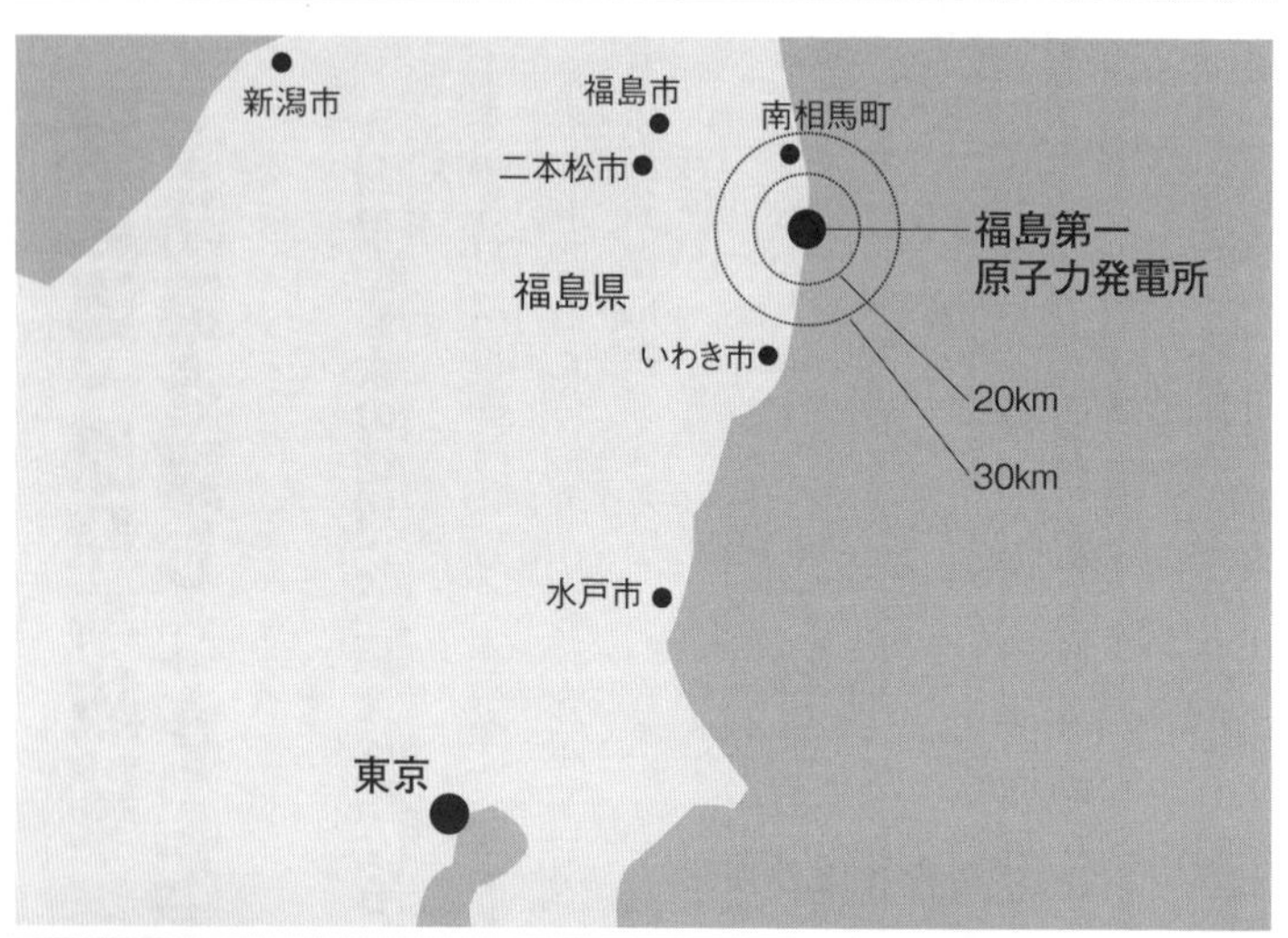

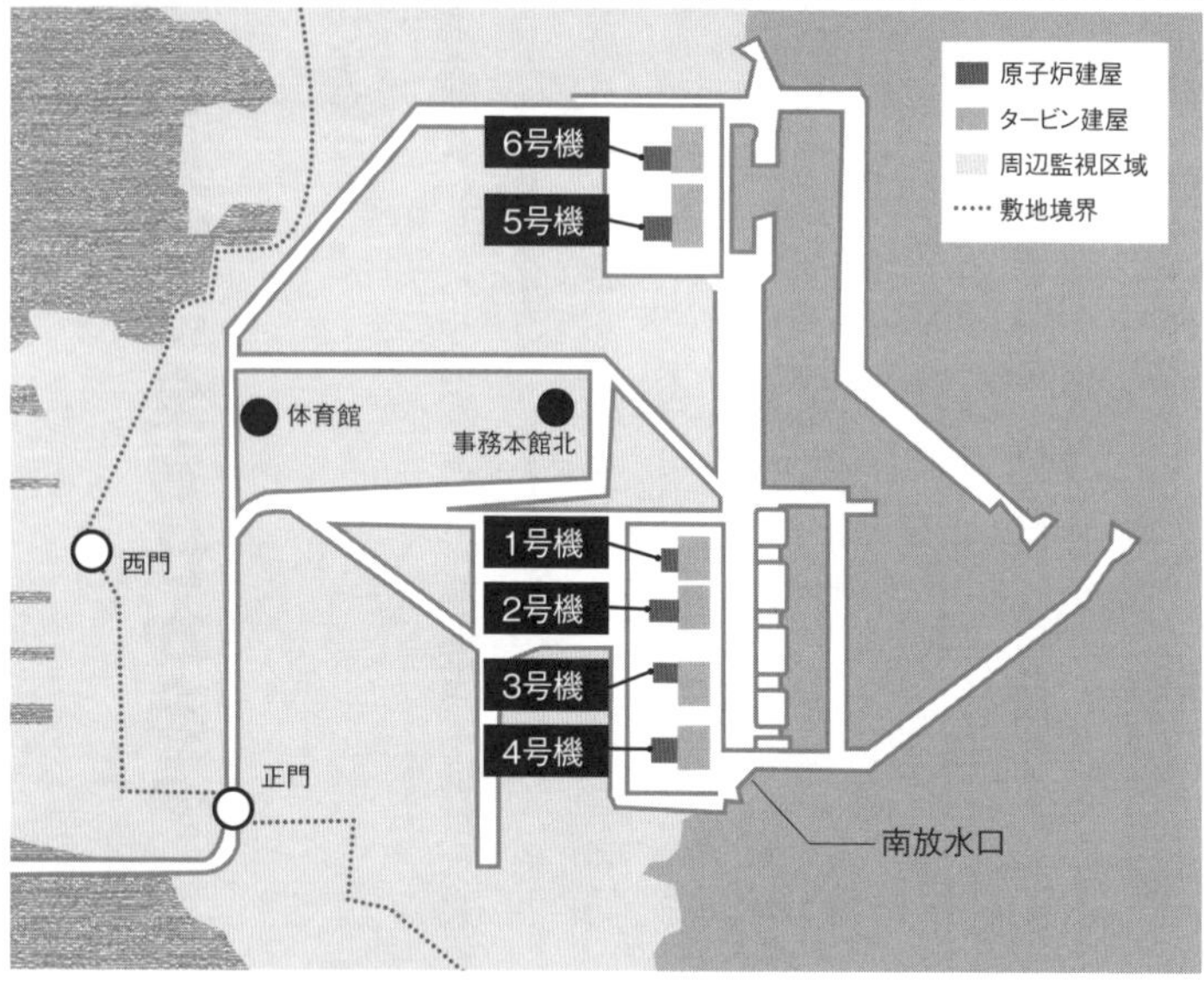

出所：『この国は原発から何を学んだのか』（幻冬舎ルネッサンス）　国会事故調の報告をもとに作成

3号機は緊急停止。地震によって送電線の鉄塔が倒壊したため、発電所内の電気が失われました。かろうじて動いていた非常用電源も津波によって失われました。ポンプが止まり、水が循環しなくなったために原子炉の温度が急上昇。私が最も恐れていた全電源喪失、ブラックアウトが起きてしまったのです。所員は必死になって、最悪の事態を避けようと奮闘しましたが、電源を奪われた原発が人間の手には負えないことを、私たちは思い知らされました。

原子炉はウランを核分裂させる装置です。炉心から発生する熱にはウランの核分裂によるものの他に、核分裂を止めてからも出続ける崩壊熱があります。これは放射性物質がある限り発生するので、冷めるまでに時間がかかります。福島第一原発事故では、地震の際に制御棒を原子炉の中に入れて核分裂は止まりましたが、崩壊熱は一番小さい1号機でも10万キロワットの発熱がありました。崩壊熱を冷ます方法は唯一、炉心に水を送り続けることに尽きます。放置すれば原子炉自体が熔けて、放射性物質が大量に放出されることになってしまいます。しかし電源がないので、水を入れるためのポンプが動かず、世界最悪の事故に至ることになったのです。

メルトダウンを隠蔽しようとした国と東電

原発も火力発電も、水をお湯にして、その蒸気でタービンを回し、それにつながる発電機で電気を起こす構造です。原発といっても基本的には、湯沸かし器にすぎません（図5、6＝96ページ）。

図5. 火力発電と原子力発電の仕組み

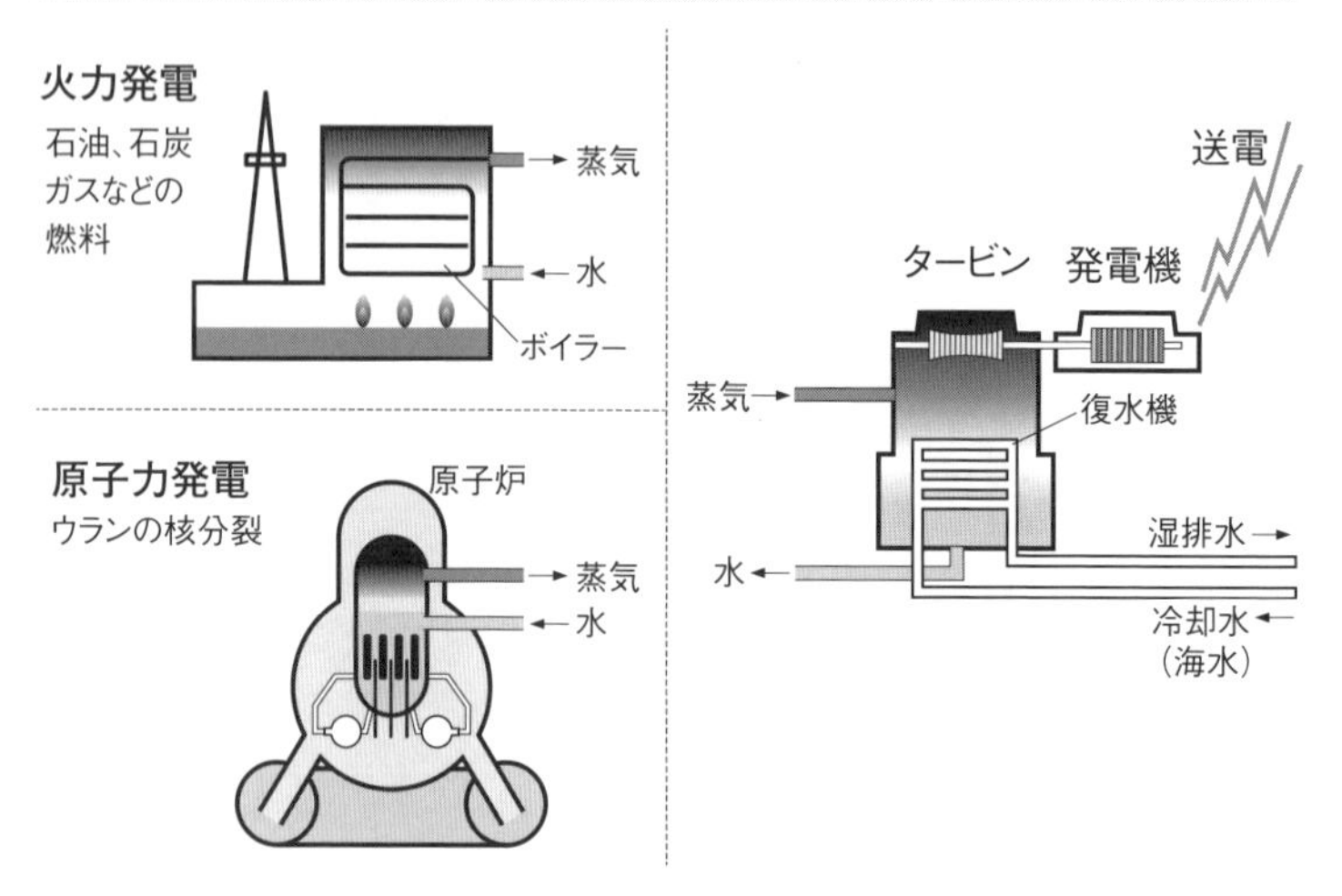

出所：『この国は原発から何を学んだのか』(幻冬舎ルネッサンス)　国会事故調の報告をもとに作成

図6. 原子力発電の仕組みと構造

原子力発電所(BWR)※の内部

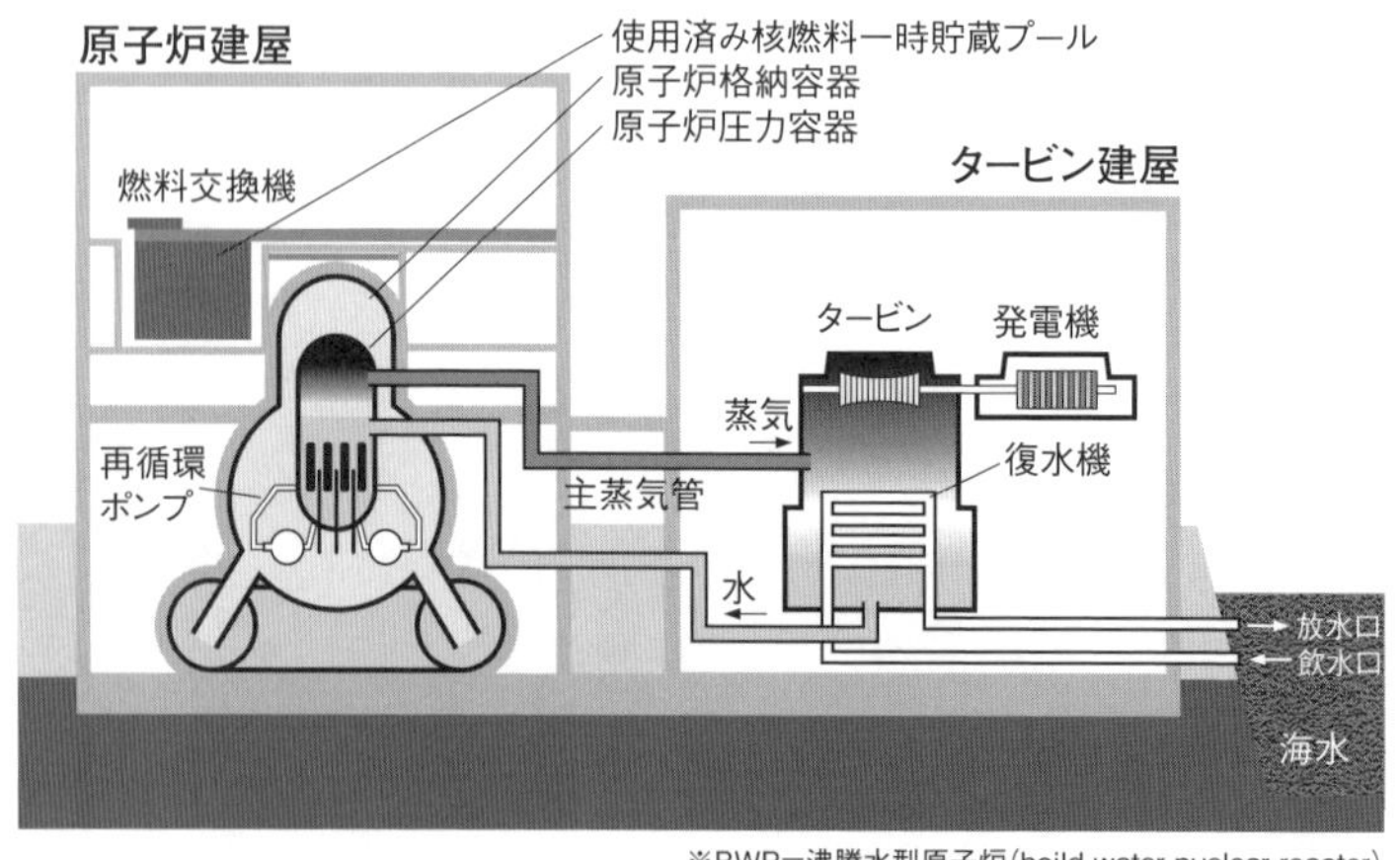

※BWR=沸騰水型原子炉(boild water nuclear reacter)

出所：『この国は原発から何を学んだのか』(幻冬舎ルネッサンス)　東京電力の図をもとに作成

原子炉容器は細長い円筒形で、沸騰水型原子炉の場合、高さは20メートル、直径は5〜6メートル、厚さ約16センチの鋼鉄でできています。中心部分が「炉心」で、そこに直径1センチ、長さ4・5メートルのジルコニウム合金のパイプがあり、その中にウランを瀬戸物に焼き固めた「ペレット」を約400個詰め込んであります。これが「燃料棒」で、数十本を束ねて燃料集合体にし、それを数百体、炉心に入れて使います。

通常、炉心部には燃料棒が完全に浸るほどの水が入っていて、再循環ポンプによって循環させています。圧力容器内で沸騰した水は蒸気になって上部にとどまり、それがタービン建屋に送り込まれ、タービンの羽根を回して発電する仕組みです。実にシンプルな構造ですが、水が循環しなくなれば、燃料棒が空炊き状態になって熔けてしまうことになります。炉心全体が熔けるようになれば下部に落ちます。これが、「メルトダウン」(炉心熔融)と呼ばれるものです(図7=98ページ)。圧力容器は1500度程度で熔け、2800度で熔け出した核燃料は、燃料を包み込んでいたジルコニウム合金や炉心の構造材を巻き込み、ドロドロの状態で圧力容器の底に流れ、さらに底を熔かして原子炉格納容器に流れ出すのです。

原発事故当初から私は、このメルトダウンが起きているのではないかと心配し、指摘もしてきたのですが、東電はメルトダウンという言葉を使わず「炉心損傷」と主張し、国もそれを追認しました。損傷であれば炉心がまだ下に落ちておらず原型をとどめている状態です。国も東電もメルトダウンしたような大事故には、見せたくなかったのでしょう。しかし、データが揃ってくると東電も渋々、3基ともメルトダウンしていることを認めました。ただしそれは、なんと事故から2カ月も経ってからの話なのです。それがいかに犯罪的かと言うと、地域の人々は、その間に大量の放射性物質が大気に放出されていることを知らされず、「被曝」状態を強いられたからです。この無慈悲こそ、原子力マフィアの正体とも言えますが、地域の人々にとっては命に関わるだけに許し難いことです。

　大気に放出された放射性物質は200種に及びますが、私が最も人体への影響が大きいと考えているのがセシウム137です。筋肉を中心に生殖器を含め全身に蓄積し、障害をもたらすと言われています。政府が国際原子力機関（IAEA）に提出した報告書には、福島第一原発から放出されたセシウム137

図7. メルトダウンの仕組み

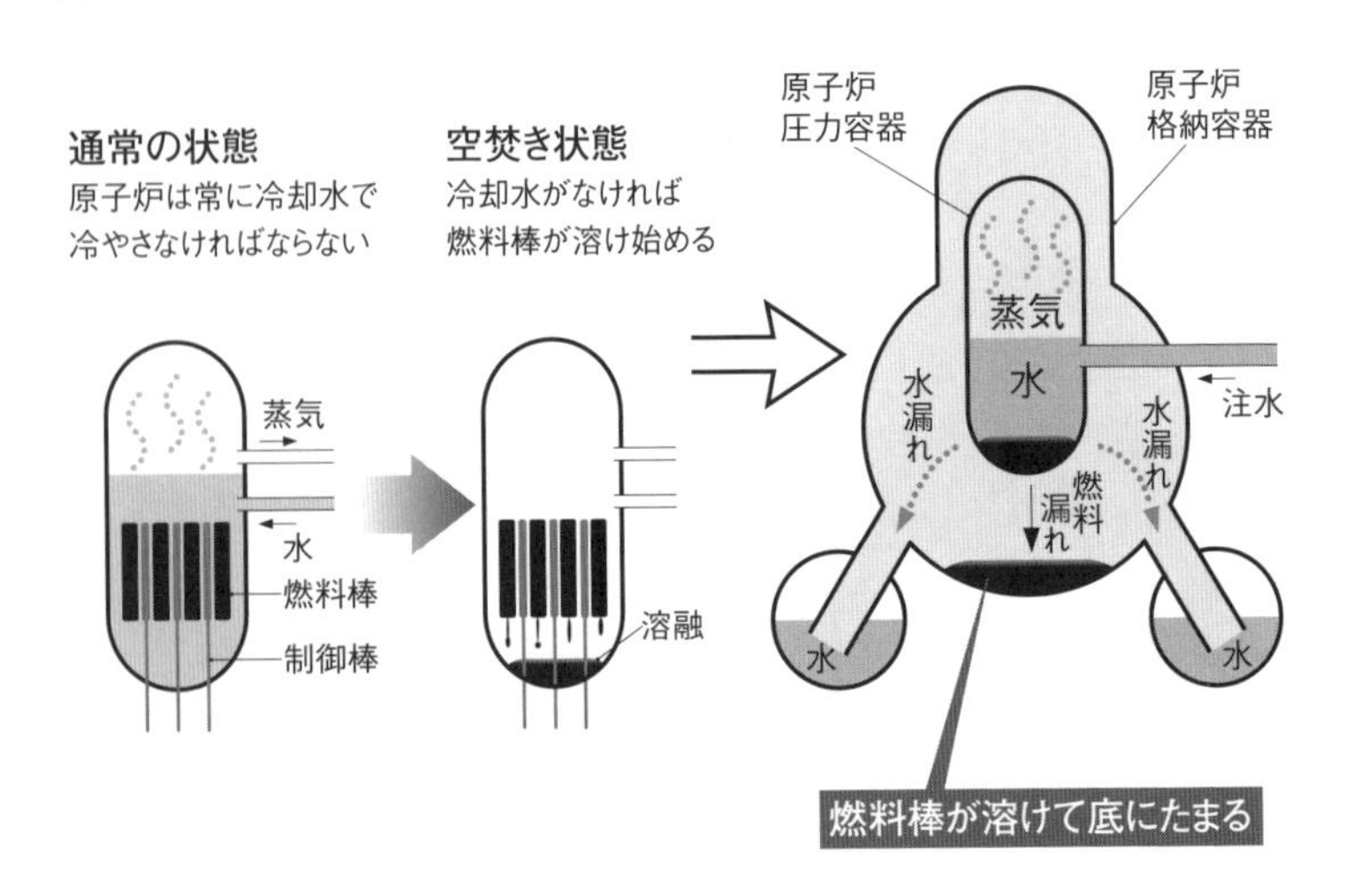

出所：『原発はいらない』（幻冬舎ルネッサンス）　東京電力の図をもとに作成

の量は、全体で広島原爆168発分に相当するとあります。そのほとんどが2号機から放出されたものでした。セシウム137の半減期は30年ですので、2024年現在、その7～8割がまだ環境に居残っています。地面に汚染がある限り、人々は外部被曝をしますし、吸い込んだりすれば、内部被曝によって人々の健康を蝕むことになるのです。

電源喪失の原因は津波ではなく、地震そのもの

東電は、津波が福島第一原発に到達した時刻を2011年3月11日15時35分と発表しましたが、国会東京電力福島第一原子力発電所事故調査委員会（国会事故調）では、15時37分以降としています。たった2分の違いなど、どうでもいいように思われますが、実はそうはいかないのです。

国会事故調の報告では、津波が到達以前に非常用電源が失われていることになるからです。つまり、発電所がブラックアウトに至った原因は、津波ではなく地震そのものにあったことになります。もし、そうであれば、東電には非常に不都合でした。

第1章に記しましたが、日本は世界に類を見ないほどの地震大国です。そんなところに原発を作る危険性は私だけでなく、地質研究者や地震研究者をはじめとする多くの専門家が警告してきました。もちろん国と東電はそれを無視してきましたが、その警告が図星ということになれば、世論がいっせいに反原発・原発廃絶に傾きかねないことを恐れたのでしょう。

２０２４年元日に発生した能登半島地震は多大な被害を与えました。人々の安全を祈りながらも私は、周辺にある志賀原発、柏崎刈羽原発（新潟県）に事故が起きないことを願いました。幸い、大事には至らなかったことで安心しましたが、それは両原発が福島第一原発事故後、13年近く運転を停止していたおかげです。それにも拘らず、国と東電は両原発を含めた原発の再稼働を未だに画策しています。

福島第一原発事故の場合にも、国と東電は破局事故の原因を津波に負わせ、地震自体の影響だということを隠そうとしたのです。

津波の高さは想定外ではなく、想定されたものだった

姑息なウソは、こればかりではありません。東電は津波を「想定外のこと」としていますが、２００８年に15・7メートルの津波が福島第一原発を襲うという試算を行っていたのです。にも拘らずそれを公表せず、防波壁の高さは２００２年以降の想定値である5・7メートルのままでした。もし、２００８年の想定値に沿って防波壁を作っていれば、被害は免れなかったとしても非常用電源は守られ、今回のような大事故は防げたかもしれません。

これは汚染水の発生とも関わるのですが、福島第一原発を建設するために海岸の崖を20メートルほど切り崩しました。地面を掘り下げた時に、沢を削ったり地下水脈を切断したりしたため、敷地に1日約８００トンの地下水が流れ込むようになっていました。その上、本来は地下

水が入ってきてはいけない原子炉建屋が地震によって破壊され、熔け落ちた燃料に触れて膨大な汚染水が生じたのです。

同じことは、「ベント」についても言えます。圧力容器の圧力が高まった時に爆発しないよう安全弁から圧力を逃すのが、ベントの役割です。稼動した1971年当時、福島第一原発の1号機には、このベントが付いていませんでした。

国も東電も、炉心が熔けるような事故は初めから全く想定していなかったのです。原発の「安全神話」にしがみついたために、そしてウソで塗り固めたことが裏目に出て、福島第一原発事故が起きたのです。2024年元日に起きた羽田空港の飛行機事故でも、あるいは数々の医療事故でも、小さなミスやウソが重なって起きると言われます。その意味で、福島第一原発事故は人災でした。

放射能汚染は東北だけでなく、全国に拡大。国の指示に従っていたら危険だ

人々のいのちを軽視した避難指示

福島第一原発事故が発生すると、周辺の放射線量はまたたく間に跳ね上がりました。広島原爆168発分に相当するセシウム137をはじめとする放射性物質が撒き散らされたのですから、それは当たり前のことです。

東電の推定では、事故で放出された放射性物質の量は希ガス、ヨウ素換算したヨウ素、セシウムの合計で90万テラベクトルとされています。この膨大な毒物が、大気に乗って世界中に撒き散らされることになりました。

3月11日の事故直後、政府は周辺の人々に対し、「避難の必要はない」「自宅で待機」と呼びかけましたが、「原子力緊急事態宣言」を発令した34分後の19時37分、事故発生から約7時間後の21時23分、ようやく半径3キロ圏内の住民に避難指示を出しました。原子炉圧力容器の中心部分である炉心にあるジルコニウム合金は「空炊き」の結果、850度を超えると水と反応して水素を発生させます。これは発熱反応なので、温度が上がることでますます反応が激しく

なるという悪循環で水素が大量発生し、この水素が何らかの発火原因で爆発するのが「水素爆発」です。3月12日に1号機、同14日には3号機、同15日には3号機とつながる4号機に、水素爆発が起きています。いずれも建屋の屋根を吹き飛ばし、大量の放射性物質が大気に放出されました。

　これに対し、メルトダウンした時に圧力容器の底に水があれば、熔けた核燃料が水に触れて急激に蒸発し、圧力容器が飛び散るのが「水蒸気爆発」です。この場合も、圧力容器から大量の放射能が放出される破局事故になります。福島事故の場合には幸い、水蒸気爆発は起きませんでしたが、その危険性を頭に入れた避難指示も、本当であれば考えておかなければなりません。

　国と東電は、「メルトダウンが起きていない」という根拠のない楽観論にすがりついたのでしょうが、それは住民を大惨事に巻き込む恐れがある犯罪的な行為なのです。避難指示はその後、半径10キロ以内、半径20キロ以内と広がり、圏内に住む10万人を超える人々が強制的に避難させられました。

　人々を被曝から守るためには、この避難命令はやむを得ないと思います。しかし、10キロ、20キロと線引きすることにあまり意味はありません。汚染は同心円状に規則正しく広がるわけではないからです。たとえば事故から1カ月以上経ったあとに、福島第一原発から北西方向に約50キロも離れた飯館（いいだて）村にも、避難指示が出されました。

「できるだけ、事故を小さく見せたい」という、国と東電の自分たち本位の思惑があったのでしょうが、このような大事故の場合、人々の安全を第一に考えるべきです。国や東電の思惑や利益など、どうでもいいのです。

危険な汚染地域に100万人以上が取り残された

日本の法令では、1平方メートル当たり4万ベクトルを超える地域は放射線管理区域に指定し、人々の立ち入りを禁じなければなりません。しかし、それをはるかに超える汚染地域に取り残された人たちがいます。飯舘村は1平方メートル当たり60万ベクトル以上の猛烈なセシウム(Cs134・137)汚染があったにも拘らず、事故から1カ月以上放置されました。その間、人々はどれほどの被曝を受けたのか分かりません。子どもや妊娠した女性もいただけに、その後のことが心配でなりません。

図8をご覧ください。福島第一原発事故で、大気中に放出された放射能の量ですがその規模は広島原爆168発分に相当します。図9は福島第一原発事故の放射能汚染マップです。事故当時、強い偏西風が吹いていたため、福島第一原発から放出された放射性物質の84パーセントが西風に乗って太平洋側に流れ出ました。日本にとっては幸運だったと言えますが、そのため「トモダチ作戦」で救助に駆けつけた、米軍の空母ロナルド・レーガンの乗組員が被曝してしまいました。

残りの放射性物質16パーセントは、地上に降り注ぎました。汚染マップによれば、福島県の

図8. 福島第一原発事故で放出された放射能

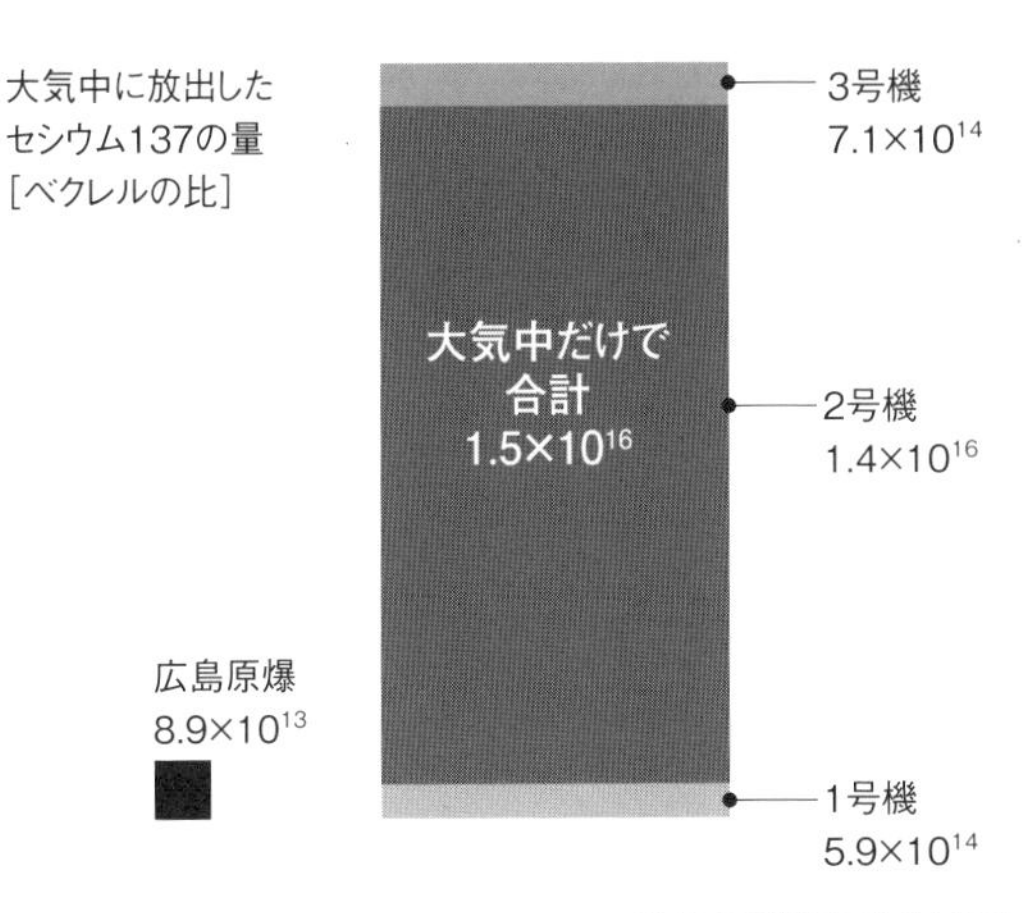

出所:IAEA閣僚会議に対する日本国政府の報告書

図9. 放射能の汚染範囲

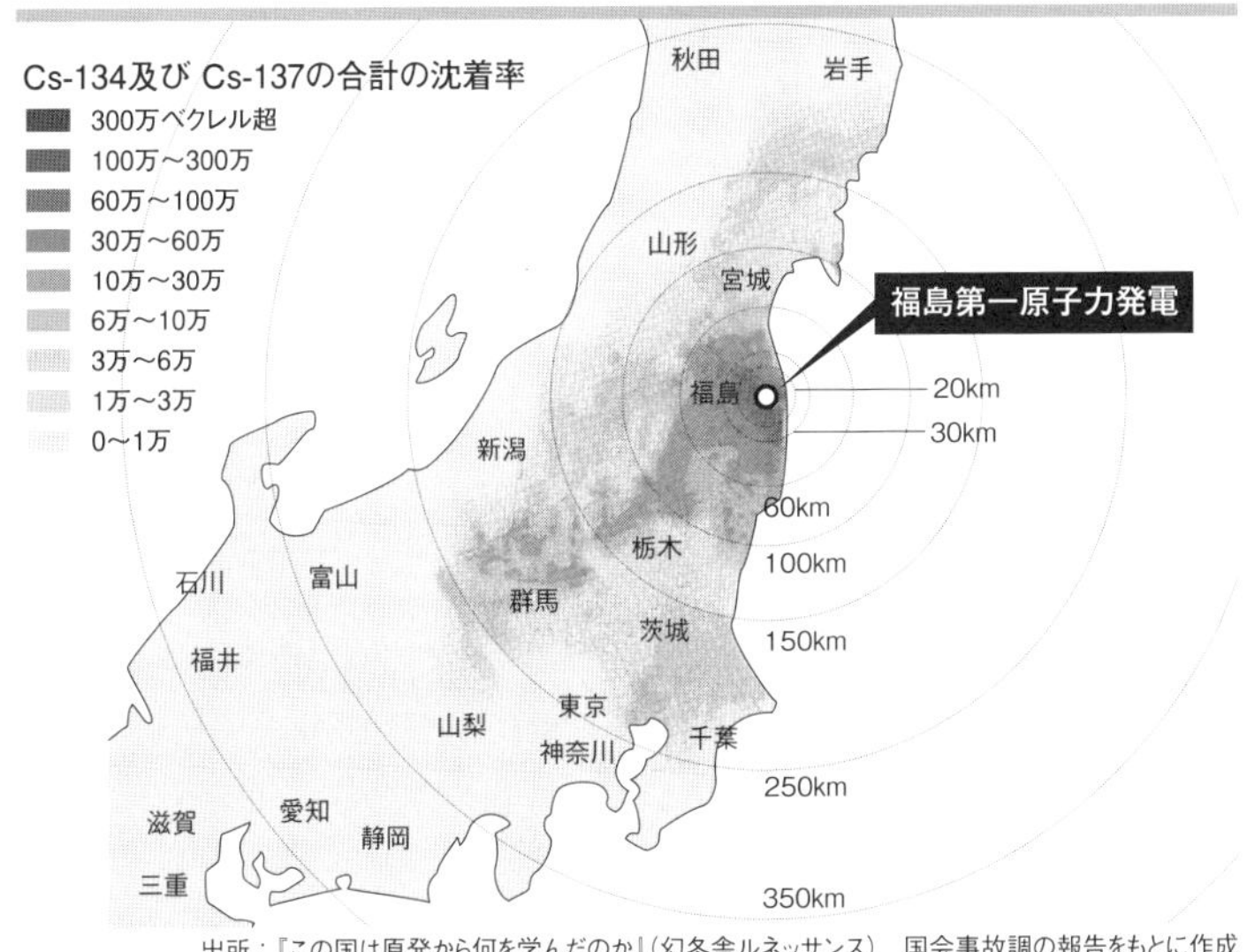

出所：『この国は原発から何を学んだのか』(幻冬舎ルネッサンス)　国会事故調の報告をもとに作成

東半分を中心に栃木県と群馬県の北半分、宮城県北・南部、茨城県の北・南部、千葉県の北部、岩手県、新潟県、東京都の一部までが、「放射線管理区域」の基準を超えて汚染されていることが分かります。

汚染レベルも深刻で、茨城県の北・南部、群馬県西部、千葉県北部などで3～6万ベクレル、福島県中通りや栃木県、群馬県北部で6万～30万ベクレルの数値が検出され、中通りの中には30万～60万ベクレルの汚染地帯も点在しました。日本の法令を守るなら立ち入ることのできない汚染地域に、100万人単位の人たちが棄てられたのです。

1～3万ベクトルの地域を含めると、汚染は関東、中部、北陸まで広がっています。

その他の地域が安全かと言えばそんなことはなく、関西以西はもちろんのこと、沖縄県でもセシウムが検出されているのです。もし放射性物質が100パーセント、日本の国土に降り注いだとしたら高濃度の汚染が全国に広がり、国としての存亡に関わるような壊滅的な事態に陥ったことでしょう。

「ベクレル」は放射能の量を示す単位で、放射能の原子核が1秒間に1個崩壊することを示します。人体が浴びる放射線の量を示す単位が「シーベルト」で、一般人の被曝限度は「年間1ミリシーベルト」と決められています。しかし、「原子力緊急事態宣言」以降、被曝限度量が年間20ミリシーベルトに引き上げられました。

この非情も許すことができません。年間20ミリシーベルトは、今は退職しましたが私のような放射線業務従事者に適用される量です。放射線の感受性が成人より4倍も高い子どもたちまで、年間20ミリシーベルトまで構わないというわけです。これでは、事故以降の子どもたちの健康に影響が出ることが避けられません。

原発事故から13年経っても、被曝の恐れは消えない

福島県大熊町にある「双葉病院」には、町内に立地する福島第一原発事故によって、大量の放射性物質が降り注ぎました。病院関係者は大変な苦労をしながら患者を避難させようとしたのですが、職員数には限りもあります。やむを得ず病院に取り残した患者、避難途中で力尽きた患者など約50人が犠牲になりました。

前途に希望を失った酪農家が自死した報道もありました。避難所で体調を壊して亡くなる方など、「原発関連死」は2023年3月末日現在、10都県で約3800人に上ります（復興庁・消防庁）。原発さえなければ事故は起きず、大切ないのちも人生も奪われることもなかったのです。このような隠しようのない事実がありながら、「原発事故で亡くなった人はいない」と強弁する自民党の政治家がいるのですから、心から呆れ果ててしまいます。原発推進派、つまり原子力マフィアは事実をウソでねじ曲げる常習者ですが、かけがえのない人生を奪われた人々を冒涜（ぼうとく）するような言動には、怒りを禁じえません。

2023年1月、私は招かれて福島県三春町（みはるまち）で講演しました。

三春町は、阿武隈山地の西端にあります。北から伊達市、福島市、二本松市、須賀川市、白河市が連なっていますが、事故直後、その地域を放射能の雲がなめるように汚染していきました。三春町も全域を放射線管理区域にしなければならなかったほど、汚染されました。それは、今でも続いているのです。

放射線管理区域とは、私がかつて働いていた京都大学原子炉実験所のように、特殊な仕事をしている者しか入ってはいけない場所です。そこに入ったら食べることも寝ることも、水すら飲めない。トイレもありません。外に出る時は放射能の測定をして、実験着や手に放射能が残っていたら、それを落としてからでないと、外に出られないという決まりです。つまり、厳重な管理をされています。

そんな地域に赤ちゃんや子どもも含めて住んで、普通に生活していいということに政府はしてしまいました。放射能は無味無臭で、たとえ汚染されても気づくことができませんし、汚染地帯に捨てられ被曝をしても、被曝手帳も交付されません。それだけに、これほど罪深いことはないのです。

ひとつ、気になっていることを記しておきます。東北地方太平洋沖地震（東日本大震災）とそれに伴う福島第一原発事故で避難を待つ中には、外国籍の方々もいました。大変な不安の中で、「外国人である自分たちも救助してもらえるのか」と危惧したそうです。幸い、それは危惧で終わりましたが、このような不安を抱かせてしまうところに、日本社会の外国人に対する度し難い差別意識があるように思います。助けを求める人を国籍などで選別しないのは当たり前のことですが、当たり前とは思えない空気がこの国の社会には充満しているようです。

このような話を聞くと、今世界各国を席巻(せっけん)しているかに見える民族主義は、人間を差別することによって成り立っていることに気づきます。国籍や民族、人種、性別などあらゆる差別を許さないという信念から、私は日本だけでなく世界中の民族主義に反対します。

原発があるから、破局的事故が起きる

福島第一原発事故から、13年が経ちました。汚染物質のセシウム134は2年経つと半分に減り、今では70分の1くらいになっています。しかしセシウム137は寿命の長い放射能で、事故当時からまだ7割から8割が残って環境を汚染しています。

そのような地域でも、生まれ育った場所を離れたくないのは人情で、ほとんどの人は普通の生活を送っていますが、セシウム137で汚染している場所にいれば、それだけで外部被曝を受けますし、吸い込んだりすれば内部被曝に襲われ、その結果、放射線の感受性の高い子どもたちの甲状腺がんをはじめ、成人でもさまざまな病変に見舞われることになります。

福島県では今、通常の医学的知識では100万人に1人か2人しか出ないとされている小児甲状腺がんが、30万人くらいの子どもたちを調べたところ、300人以上発見されています。これだけでも十分な状況証拠になるかと思いますが、どんな病気になっても、放射能が原因で

あることは国も東電も、裁判所も認めようとしません。因果関係が不明という理由ですが、これもおかしな理屈です。そんなことを言う前に、因果関係の有無を長期間にわたって徹底的に調査し、それに対する治療法と賠償を充実させるべきなのです。被曝「犯罪」については「推定有罪」にすることが、病気で苦しむ人々を救う道です。

放射能とは本当に怖い、長期間にわたって被曝をもたらす、しかも人間の手には負えない毒物であることがよく分かります。しかし、原発さえなければこのような事故は起きませんでした。原発事故の責任は国と東電にありますが、原子力専門家の私にも責任の一端があると思っています。事故以前から原発の危険性については警鐘を鳴らし、さまざまな提案もしてきましたが、結果的には事故を防げず、多くの人々に筆舌に尽くしがたい災禍を及ぼしてしまいました。しかもそれは、今も継続しているのです。その責任を深く反省し、私は「原発即時廃絶」を主張するようになりました。

人間は神ではありません。それどころか、かけがえのない人のいのちを無慈悲に奪う戦争をやめることもできない実に愚かしい存在です。それでも、原発は常に破局的な事故の危険性と背中合わせであることを知る賢さくらいはあるはずだと、私は思います。

福島第一原発は今、どうなっているのか？遅々として進まない廃炉作業

炉心内の熔け落ちたデブリが、どこにあるか分からない

2023年8月、福島第一原発事故が生んだ汚染水の海洋放出に広範な反対運動が起きたことで、今さらながら「福島原発は今、どんな状況になっているのか」について、人々の注目を集めることになりました。「事故などなかったことにしよう」という国と東電の思惑からすれば、それは誤算だったかもしれませんが、加えて彼らにとっては「想定外」のことが起きました。2024年元日に起きた能登半島地震です。地震域にある志賀原発や珠洲原発のことが何かと話題になって、「地震大国に建つ原発は危険ではないのか」という世論が一定程度盛り上がりました。そしてその矛先が、福島第一原発の廃炉作業にも向けられるようになったからです。

福島第一原発の立地は、図4（94ページ）のとおりですが、1号機、2号機、3号機、4号機は廃炉、5号機と6号機は廃炉にするものの、研究開発などの実証試験で活用すると、東電は発表しています。

廃炉作業の基本は炉心内の燃料を取り出すことになります。1〜3号機は燃料が熔け落ちた

デブリ（推計総量880トン）になっていて、これを取り出し廃炉を終了するには30～40年かかるというのが東電の計画です。現状、メルトダウンした燃料がどのような状態にあるかは、詳しく分かっていません。しかし発熱を続ける核燃料を冷やし続けないと、さらなる事故につながる恐れがあります。問題は圧力容器の底に穴が開いているのが確実で、注水しても全てが格納容器の床に流れ落ち、放射能汚染水になってしまうことです。これを格納容器に流れ込み、汚染された地下水とともに海洋放出することにしたわけです。

　デブリ取り出しの費用は、**図10**のように莫大なものになります。

　1兆3700億円もかけるその計画が順調に進み、無事に廃炉作業が終了することを望んでいますが、残念ながらそれは計画倒れに

図10.「廃炉中長期実行プラン」を踏まえた燃料デブリ取り出しに関わる支出予定表

	試験的取り出し（2号機）	段階的な取り出し規模の拡大（2号機）	取り出し規模の更なる拡大	想定支出
①準備作業	●建屋内環境改善 ●内部調査	●建屋内環境改善 ●訓練・試運転	●建屋内環境改善 ・PCV水位低下 ・線量低減率 ・換気筒解体 ・変圧器撤去など	3,300億円
②設備の設置	●取り出し装置	●燃料デブリ取り出し設備 ●安全システム ●燃料デブリ一時保管設備 ●メンテナンス設備	（3号機） ●燃料デブリ取り出し設備 ●安全システム ●燃料デブリ保管設備 ●メンテナンス設備	1兆200億円
③デブリ取り出し	●試験的取り出し	●段階的な取り出し規模拡大	想定困難	200億円

●廃炉中長期実行プラン2020に基づき実施する内容

合計1兆3,700億円

出所：原子力市民委員会 特別レポート8（東電「2019年度の連結業績予想について」）

なることはほぼ間違いありません。取り出す予定のデブリが、どこにあるか分からない状態だからです。しかもデブリは、人が近づけば1時間で死ぬほど、猛烈な放射線を放っています。

政府と東電は2024年2月、燃料デブリを取り出すロボットアームの動作が不調のため、今年度における試験的な取り出しを断念すると発表しました。これで3回目の延期となります。

取り出し作業のためには、高レベルの放射線を遮断することが必要になります。そこで東電は格納容器内を冠水させる計画を立てましたが、燃料デブリを取り出す機器は開発されていません。

東電の調査ではデブリが漏出し、ペデスタル（図11）ではなく、格納容器底全体に広がっ

図11. 原子炉格納容器の内部

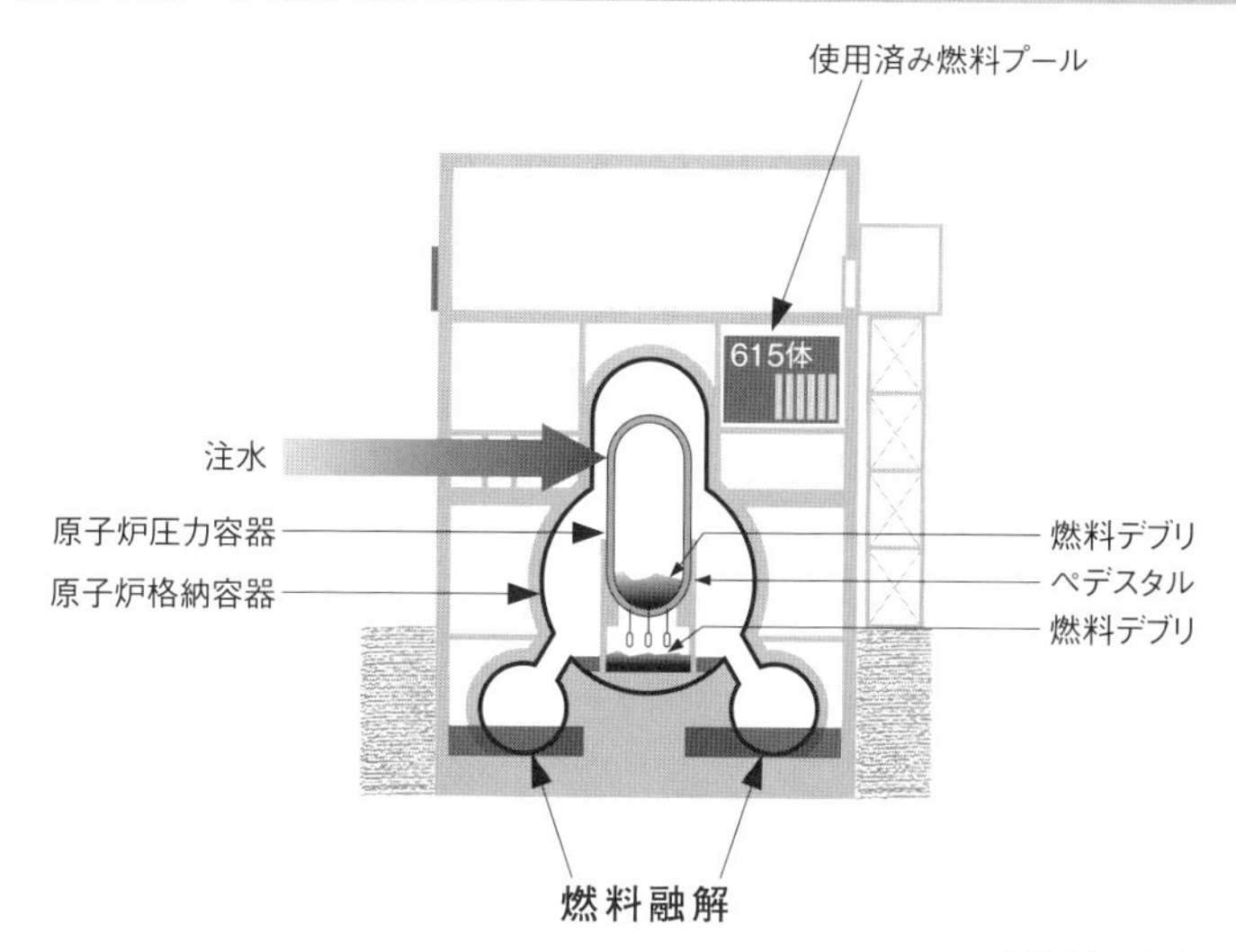

出所:資源エネルギー庁

図12. デブリの取り出し作業

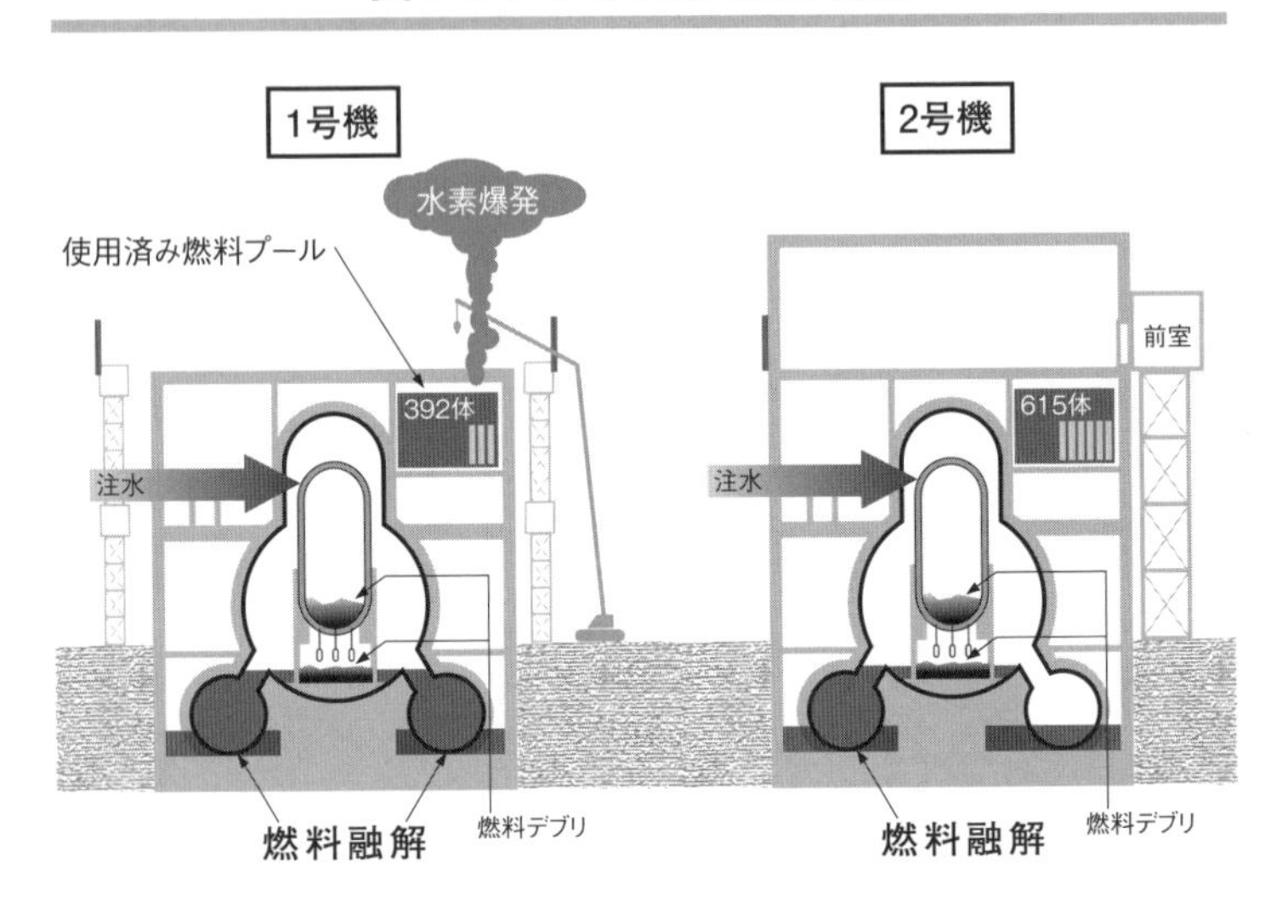

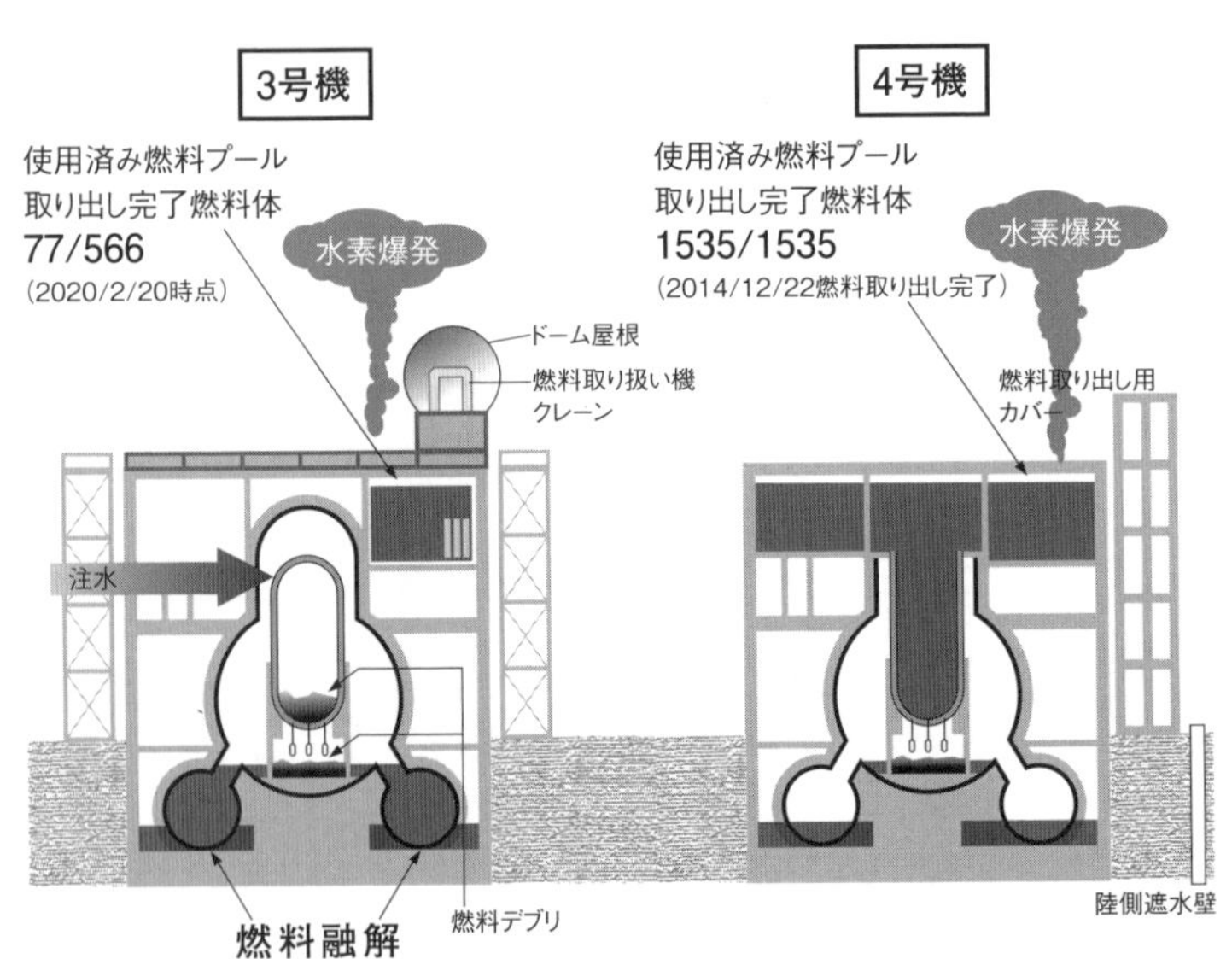

出所:資源エネルギー庁

ていることが明らかになっています。取り出し作業は、さらに困難になったと言わなければなりません。まるで火山が爆発した時に流れ出す、溶岩のような状態になっているからです。しかも原発の建物の中には、放射能が充満しているところ、地震で壁が崩れているところもあり、作業員の被曝や放射能漏れを防ぐため作業は万が一にもミスが許されません。気が遠くなるような時間が必要になるのです（図12）。

格納容器を石棺で閉じ込めるのが、最も効果的

そもそも1～3号機のデブリは880トンと、膨大な量になります。なんとかデブリを取り出すために国と東電は、以下のような3つの方法を計画しました。

1＝格納容器の途中まで水を満たし、上部から燃料をつかみ取る。

2＝注水せず、格納容器の上部に遮蔽板を設置し、気中に露出するデブリに水をかけながらつかみ取る。

3＝格納容器の横に穴を開けて、気中に露出するデブリをつかみ取る。

苦肉の策とも言えますが、どの方法もデブリの位置が分からなければ机上の空論です。つかみ取ることは、ほぼ不可能と言っていいでしょう。東電は3の方式を有力視していますが、この方法では放射線を遮断する水も遮断板もないので、作業員は猛烈な放射線にさらされてしまいます。

では、どうすればいいのでしょうか。

これには1986年、旧ソ連ウクライナ共和国のチェルノブイリ原発4号機で発生した事故処理が参考になります。当時のソ連政府はデブリの取り出しをあきらめ、熔け落ちた炉心には近づかないという決断を下し、4号機を石棺で閉じ込めました。これで放射能の拡散は防げましたが、30年経ってコンクリートの劣化が進み、2016年に前の石棺に覆い被せるように第二の石棺を構築しています。その設計寿命は100年です。つまりソ連は、130年間は熔け落ちたデブリの取り出しはできないと考えたわけです。これは賢明な決断だったと思います。しかし、原発後進国の日本には、このような知恵がありませんでした。

私は以前から、デブリの取り出しは100年経っても無理だと判断し、福島第一原発の場合も、石棺の構築を再三再四にわたって提案してきました。100年経てば、放射能汚染の主成分であるセシウム137も10分の1に、200年で100分の1に減ってくれます。とりあえず100年間、閉じ込め、その後の方策は、申し訳ないのですが、私たちの子孫に任せるしかありません。

石棺で閉じ込めるにも、難題が立ちはだかる

福島第一原発事故の場合、石棺を構築するにしても残念ながらチェルノブイリ原発より条件が悪いのです。チェルノブイリ原発では炉心が熔け落ちたのは1基のみ、それに対し福島第一

原発は3基です。つまり3倍の労力が必要になります。

それればかりではありません。チェルノブイリ原発事故でも原子炉建屋が損壊し、熔け落ちた炉心は地下に流れ出ていましたが、ソ連政府は地下に液体窒素を流したり、コンクリートの床を作ったりするなどして、原子炉建屋の地下部分の健全性を守ることに成功しました。これは半年くらいで完成しています。

一方、福島第一原発の場合は地上の建屋が吹き飛んだ上に、巨大な地震と津波で建屋の地下部分に大量の地下水が流れ込んでしまいました。この地下部分も石棺で覆わなければならないことになります。それが3基もあるわけですから、石棺構築に何年かかるか、私には分かりません。しかし、デブリを取り出すことは実際上不可能ですので、石棺のような構造物を作って当面閉じ込める以外ありません。

チェルノブイリ原発の石棺造りには軍人や退役軍人、労働者など60〜80万人が従事しました。今の福島第一原発では廃炉に従事する労働者さえ、不足しています。今後の日本社会はさらに人手不足が深刻になり、特に建設関係では数人の求人に対し、1人くらいしか応募がない現状だと言われています。完全な売り手市場であるだけに、膨大な労働力を必要とする石棺造りの大きな難関になりそうです。

もうひとつ、石棺で閉じ込める場合、原子炉建屋内のプールに保管されている核燃料を全て取り出す必要があります。停止中だった4号機からは全て取り出され、3号機も2021年

2月28日に取り出しが終了しましたが、1号機、2号機については未だにめどが立っていないことも難題になります。

石棺で覆えば放射能の流出は防げますが、放射能そのものがなくなるわけではありません。熔け落ちたデブリはこれから10万年、100万年と気が遠くなるほどの長期間の管理が必要になります。

原子力圧力容器を支える台座に異変

原子力圧力容器は鉄筋コンクリート製の台座（ペデスタル＝図11参照）に乗せてあるのですが、その台座が2022年2月に行われた1号機の内部調査で一部が溶けていることが分かり、2023年にもう一度きちんと調べたところ、コンクリートがほとんどなく、鉄筋だけになっていることが明らかになりました。

コンクリートは圧縮に強く、引っ張りに弱いという性質を持っています。その引っ張りに弱い部分を鉄筋で補助することで、鉄筋コンクリートという強い構造物ができたわけですが、圧縮の力を引き受けるコンクリートがなくなってしまったわけです。

こんな状態になっているとは、私も予想外のことでした。

原子炉圧力容器の重さは、約440トンあります。これを支える台座の鉄筋コンクリートは内径5メートル、厚さは1・2メートルあるのですが、今は鉄筋だけになってしまっています。

それで、どうして圧力容器を支えていられるのか、私には不思議としか言いようがありません。

2号機、3号機のことは調査が入っていないのでよく分かりませんが、3号機はもっとひどい状況になっているかもしれません。原子炉圧力容器が薄氷の上に乗っかっているようなものですから、ちょっと強めの地震の振動が襲いかかればどうなるか、考えるだけでも恐ろしくなります。

国や東電にとってそれは想定外だったのでしょうが、私もまさかペデスタルそのものがなくなっているとは考えていませんでした。万一、原子炉圧力容器が倒壊すれば、原子炉建屋内の使用済み燃料プールが損傷して水が抜け、まだ取り出されていない使用済み燃料中の放射能が環境に放出されるなど、世界的レベルの汚染に発展する恐れがあります。それほど深刻な事態が今、福島第一原発で進行しているのです。

得るものは少なく、失うものは膨大。それでもまだ原発を認めますか？

本来なら、立ち入ることができない汚染地域で暮らす怖さ

２０１１年に発令された「原子力緊急事態発言」（緊急宣言）は、未だに解除されていません。国や東電からすれば、解除したくても解除できない事情があるのです。緊急事態宣言によって、これまであったさまざまな法律的な制約を反古にしてきたためです。解除すれば、その制約が復活することが困るのです。

福島第一原発事故で1号機、２号機、３号機にあった２５０トン分の燃料の中には、多種・多様な放射性物質があります。そのうちセシウム１３７について言えば、広島原爆に換算して７９００発分ありました。そのうち大気中に放出されたのは全体の約2パーセント、広島原爆１６８発分です。大半が太平洋側に流れ、日本の国土に降り注いだ放射能は、そのうちの約20パーセントです。７９００発分の放射能からすれば、わずか0・4パーセントにすぎません。それでも東北地方から関東地方にかけての広大な地域が、日本の法令に従えば、放射線管理区域に指定して人々の立ち入りを禁止しなければならないほど、汚染されたのです。

これではどうにも対処ができないということで国は緊急事態発言を発令し、放射線管理区域に関する法律を反古にしてしまいました。つまり、多くの人々を汚染地域に置き去りにし、今もしているのです。

国は福島第一原発事故の処理にかかる費用を当初、21兆5000億円と弾き出しました。それを2023年、賠償費用が増えたということで23兆4000億円に上振れしたと発表しています。しかしこの金額も、当てにはなりません。民間のシンクタンクでは当初、70～80兆円という金額を提示しました。私はこちらの数字のほうが正しいと思っていますが、それですら広大な放射能汚染地域に人々を棄てた上での金額です。

国が緊急事態宣言という「無法」を繰り出さず、真面目に事故処理と住民への賠償に取り組んだとすれば、国の年間一般会計予算約100兆円の何年間分を投げ出しても足りないくらいの大事故だったのです。

事故処理の費用を国や東電ではなく、国民が電気代や「復興税」のような形で負担していいます。原子力マフィアの利権のために、何十年にもわたり負担し続けることになるのです。このような理不尽に目をつぶるわけにはいきません。しかも復興税の一部を、倍増する軍事費に充てようとしているのです。

再び原発事故が起きる可能性は十分にある

2024年元日に起きた能登半島地震が証明するように、日本という国はそこかしこに活断層が走る、世界一の地震大国です。そんなところに原発を作るのは、無謀としか言いようがありません。それにも拘らず利権に目が眩んだ原子力マフィアは、停止中の原発の再稼働、新型原発の建造などを企み、実行に移そうとしています。それは福島第一原発の事故処理もままならず、事故の責任を誰も取らないという、全くモラルに欠けた振る舞いの延長線上にあります。

私が福島第一原発事故で得た教訓は非常に単純で、「原子力発電というのは非常に膨大な死の灰（核のゴミ）を作る。それが環境に出てきたら、本当に悲惨な被害をもたらす。したがって原発は、即刻廃絶すべきだ」というものです。しかし原子力マフィア側が得た教訓は、「どんなに悲惨な被害を生む事故を起こしても、国、東電の誰一人として責任を取らなくていいし、会社も倒産しなくて済む」ということでした。だから彼らはもう、「何をしたって怖くない。何をしても大丈夫だ」ということを学んだのです。

第1章でも触れましたが、新潟県にある東京電力柏崎刈羽原発7号機の再稼働に、国や東電は躍起になっています。4月15日には核燃料を7号機の炉心に装荷する作業が始まりましたが、まだ地元（新潟県）の同意を得る前にこのような装荷をすることは、異例中の異例です。地域に住む人々の安全より、原子力利権を優先しようというわけです。もはや、「何をしても怖くない」と思っているのでしょう。しかし装荷作業中の17日、核分裂反応を抑える「制御棒」の不具合が生じるというトラブルが生じています。

新潟県は4月24日、７号機だけでなく６号機も含めた再稼働による経済効果（今後10年間の合計）の試算を公表しました。地元自治体に入る税金や交付金をトータルすると４３９６億円になるそうです。これらは再稼働のための広報活動費みたいなものでしょうが、たとえどんなに大きな経済効果があろうと福島第一原発事故が示すように、いったん事故があればそんな金額はあっという間に雲散霧消するばかりか、大きな負債を抱えることになります。

東日本大震災と福島第一原発事故による福島県の被害額は、資本ストック（社会資本・住宅・民間企業設備など）だけでも２兆６０００億円程度と見積もられています（日本銀行福島支店２０２１年３月のレポート）。これに農水産業の損失や人口流出によるさまざまな損失なども加わり、経済損失額は膨大なものになります。

それ以上に、原発事故は地域に住む人たちのいのちと故郷、生活を奪い去ることに目を向けてほしいと思います。

柏崎刈羽原発の再稼働を推し進めているのが、現在の岸田文雄内閣です。もちろん、誰がやっても自民党政権なら同じことをやるでしょう。能登半島地震の被災者の映像を見ていて慄然としたのは、寒さに震え、住む家を失い、山間地に孤立した人たちの困難に対する国や石川県の冷淡さです。このような大災害の時にこそ活躍すべき自衛隊の動きも、熊本地震の時と比べると鈍いと批判されました。

地震から2週間ほどは停電、上水道の断水、食・飲料不足、劣悪なトイレ事情など、生きるために必要なインフラがズタズタになったのに、対応は遅く十分な救援が行われませんでした。

こんなことでは今後、地震関連死する方がどんどん増えてしまうのではないかと本当に心配になります。過去の地震災害から何も学んでいないような救援活動のお粗末さ、いざという時に力を存分に発揮しない国や県という組織の無責任さに、私は激しい怒りを覚えます。現場で被災者の救援に取り組んでいる自治体職員、医師や看護師、保健師などの皆さんには感謝しかありませんが、国民や県民、市民を守らない行政組織など、無用の長物です。

原子力規制委員会が定めた原発事故の指針では、事故時はまず原発5キロ圏の住民が避難、5~30キロ圏は屋内退避をして、一定の放射線量まで上がったら避難することになっています。屋内避難場所としては自宅、地域の集会所などが想定されていますが、地震で家屋が崩壊するような事態になれば、そのような場所は利用できません。

志賀原発の周辺30キロ圏内で、屋内退避した住民らの被曝を防ぐ避難20施設のうち、6施設に放射性物質の流入を防ぐための装置が故障したりしていたことなどが最近、明らかにされました(内閣府)。

このような有り様では、再稼働する原発に事故が起きた時のことが心配になります。過去から何も学ばない者に、現在も未来も築くことはできません。原子力マフィアのような無責任極まりない連中が原発に手を染め続けることなど、到底認めるわけにはいかないのです。

生まれ育った土地に、核のゴミが侵入することを許さない

原子力発電所は事故を起こさなくても、人々に危険な毒物を押し付ける危険な機械です。核のゴミ（使用済み燃料を再処理したあとに出る、高レベルの放射性物質）をどこに、どのように保管するのか、未だに決まっていません。場所が決まってもその地域の人々は、常に放射能に怯えながら生きていくことになります。その期間は50年や100年ではなく、最長では数十万年単位になります。そんな危険物を、遠い子孫にも残すことになるわけです。確かに第一段階の「文献調査」（約2年）に協力するだけで約20億円、第二段階の「概要調査」（約14年）に進めば最大70億円の交付金が得られます。

人口減に見舞われ大きな産業もない辺地の自治体にとって、交付金が大きな魅力であることは分かります。しかしその土地に、10万年から100万年も危険が持続するような毒物を子孫に残していいのでしょうか。私は文献調査を受け入れた地域の人々を、非難するつもりはありません。悪いのは、札束で人々の頬を引っ叩くような真似をする国や原子力マフィアです。「危険物は辺地に持っていくのが安全」と思っているのでしょうが、そこには数は少ないにしても先祖代々の土地を守り抜いている人たちがいます。普通の生活を営む人々が住んでいます。

生まれ育った大切な土地を、そんな危険な場所にしていいのでしょうか。子孫に対して責任

を取れないことには、決して手を出すべきではないというのが私の考えです。

私はこの国の豊かな自然を、心から愛しています。私は今、長野県松本市に移り住んで暮らしています。北アルプスの山々を望み、畑仕事に汗を流しながらかけがえのない時間を過ごしています。この自然や暮らしを放射能に汚されたくないと、私は心から願います。

原発の即時廃絶に保守も革新も関係ない

私は生まれ育った東京・下町の風情が大好きでした。そこに高速道路が走り出し、無機質な高いビルやマンションが立ち並ぶようになって、その風情が消えるとともに、私の「ふるさと」への愛着もなくなりました。そういった意味で、私は強欲な資本主義より、この国の庶民が培ってきた人間同士のつながりを大切だと思っています。

原子力マフィアの宣伝によって、原発推進が保守で、反対や撤廃を求めると革新といった線引きが行われていますが、間違いです。たとえば保守派の優れた論客である中島岳志さんは、その保守的思想に基づいて以下のように主張しています。

「原発を作るのは、もちろん人間です。そのためあらゆる原発は、未来永劫、不完全な存在です。すべての原発は、『想定外』の存在です。だから今回のような事故（福島第一原発事故）は、必ず起こります。普遍的に起こりえます。人間が完全でない以上、完全な原発など存在しようがありません」

『安全な原発には賛成』という専門家がいますが、そのような前提は人間が人間である以上、成り立ちません。原発は事故が起こることを前提に考えなければなりません。その時に、私はリスクの高すぎる原発には批判的にならざるを得ません。人間の不完全性を冷徹に見つめる保守思想に依拠する以上、原発という存在には真っ向から反対するのが、保守主義者のつとめだと思っています」（マガジン９　２０１１年３月30日号）

原子力マフィアを侮らないが、屈服することもない

人間は神ではない、それどころかどうしようもない愚かな存在だと、私は思います。それを知れば、原発などに手を出すべきではないのです。

当時、中島さんのお考えをインターネットで読み、私はとても心強く感じました。反原発や原発撤廃・即時廃絶という主張は、革新派やリベラル派の占有物ではありません。反原発や原発撤廃に立ち上がった人、それぞれの生活の場でそれを静かに主張する人が皆、革新派というわけではないのです。私がお会いするのは保守・革新の線引きにあてはまらない、ただ真剣に人生を生きている人たちばかりです。私はその姿に共感するのです。

保守派として真剣に生きていると、中島さんのような想いに至るのでしょう。

原発廃絶まではいかなくても、反原発という一点で保守派の皆さんと手をつなぐ時期がきたように思います。それが破局的な原発事故を防ぐ大きな力になります。その力を削ごうとして

いるのが、原子力マフィアです。彼らは保守派でも何でもなく、「今だけ、自分だけ、お金だけ」の強欲・貪欲な連中です。しかし私はその力を、決して侮ってはいけないと思っています。悪いことをする時に人は予想以上の団結力を見せることがありますが、原子力マフィアも同じで、その団結力は強大です。国民の目を眩ませるためには、政治家、経済人、マスコミ、裁判官などを総動員して大々的なキャンペーンを繰り広げます。

直近の例を挙げれば、2021年に強行された東京オリンピックです。福島第一原発事故を過去の出来事として追いやるために、ウソくさいイベントを祭り上げました。2023年には、第3章で紹介する原発汚染水の海洋放出があります。汚染水を処理水と詐称し、何の根拠もなく、「安全が科学的に証明された」と宣伝しました。マスコミがこぞって、「処理水」という呼称になびきましたが、ウソはどこまでいってもウソであることに変わりはありません。このウソを見抜く人が、もっと増えてほしいと願います。

第3章

放射能汚染水を、海洋に放出してはいけない

地震大国に、原発を作り続けた大罪。福島第一原発事故は、まだ終わっていない

根拠のない「安全神話」が生み出した放射能汚染水

2011年3月11日、東京電力福島第一原子力発電所（福島第一原発）が東北地方太平洋地震（東日本大地震）と、それによって引き起こされた津波に襲われ、未曾有な深刻な事故を起こしました。

日本は世界の陸地面積の0・25パーセントしかない小さな国ですが、世界の地震の18パーセントが起きる地震大国です。もともとそんな場所に原発を建てること自体論外なのですが、東京電力（東電）は、「どんな地震に襲われても福島原発は安全」と主張し、国も東電の言い分をそのまま認め、「安全」のお墨付きを与えました。しかし、事実として事故は起きてしまったのです。その事故を前にして国と東電は、「想定外の事故」と言い訳しましたが、これは真っ赤なウソです。東電内部の技術者や、私を含めた一部の原子力専門家が、事故以前から地震と津波が重大な事故を引き起こすと警告していたからです。

それから13年の歳月が流れましたが、事故は全く収束していません。熔け落ちた炉心（デブ

リ）が今、どこにあり、どのような状態であることも分かっていないのです。廃炉作業にしても、遅々として進んでいないのが現状です。廃炉するにはデブリを取り出すのが前提になりますが、そんなことは到底できません。

2024年1月、国と東電は福島第一原発2号機のデブリの試験的な取り出しについて、年度内の着手を断念すると発表しました。これで今期3回目の「延長」になります。デブリを取り出すロボットアームを格納容器内に入れることができないことなどを理由に挙げていますが、それは言い訳にすぎません。もう、お手上げ状態なのです。

時間の経過とともに、そして国や東電の巧みな世論操作によって、「福島第一原発事故」があたかも「過去の出来事」のような錯覚を、国民に植え付けしようとしてきました。しかしその思惑は、2023年8月24日に始まった「放射能汚染水の海洋放出」によって一瞬、揺らいだように見えます。汚染水を処理水と詐称し、マスコミもそれに追随しましたが、多くの国民は改めて、「安全神話とは何だったのか」「福島第一原発事故とは何だったのか」を見つめるようになったからです。

本章の冒頭でお伝えしておきたいのは、放射能汚染水の海洋放出は、国の原子力政策と表裏一体の関係にあるということです。

放射能汚染水の海洋放出は、今に始まったことではない

3月11日に起きた福島第一原発事故直後の2011年4月中旬、放射能汚染水の保管場所を確保するために、東電は1万5000トンの汚染水を海に流しました。その濃度は、法定許容値の100倍に達します。事故直後から放射能に猛烈に汚染された水が生じ、それをなす術もなく海に流していたのです。東電は、それまで溜めていた比較的汚染の少ない汚染水を外に流して、新たに生じる猛烈な汚染水の保管場所を確保しようとしました。しかし汚染水は増え続け、どうにもならなくなって海へどんどん流すようになっていたのです。汚染水問題は今に始まったことではなく、事故当時から生じていました。

猛烈な汚染水は原子炉建屋の下にも溜まっていたし、タービン建屋やトレンチという建屋をつなぐためのトンネルの中も汚染水だらけでした。原子炉建屋の中で熔け落ちた炉心と接触した汚染水はトレンチに溜まり、しかもそのトレンチはあちこちで割れていたので地下にも染み込み、また岸壁近くで割れたトレンチからは、直接海へ流れ出てしまいました。それを止めることは難しく、事故直後には極めて高濃度の放射能汚染水が流れ出ていったのです。

東電はその流出を何とか止めようとしてタンクを作り始めて、汚染水を溜めるようにしたのですが、地下に流れ込む水が完璧に止まったわけではありませんし、トレンチがあちこちで割れて、汚染水が漏れてくることもあります。

結局、汚染水の量が多すぎてタンクの数が間に合わず、海洋に放出することになったわけです。タンクが足りなくなったと言っても、現状では、という意味です。福島第一原発の敷地には余裕がたっぷりあり、新しいタンクを作ろうと思えば作れるのですが、それを行いませんでした。

タンクに溜まる134万トン超の水は、いつまで経っても汚染水

国と東電は福島第一原発に溜まっている134万トンを超える水を「ALPS（アルプス＝多核種除去設備）処理水」と「処理途上水」の二つに分けていますが、そのうち「処理途上水」が7割を占めています。

もともと福島第一原発の原子炉建屋は、放射線管理区域と呼ばれる場所です。放射能を

図1. 流れ込んだ地下水や雨水は、すべて汚染水になる

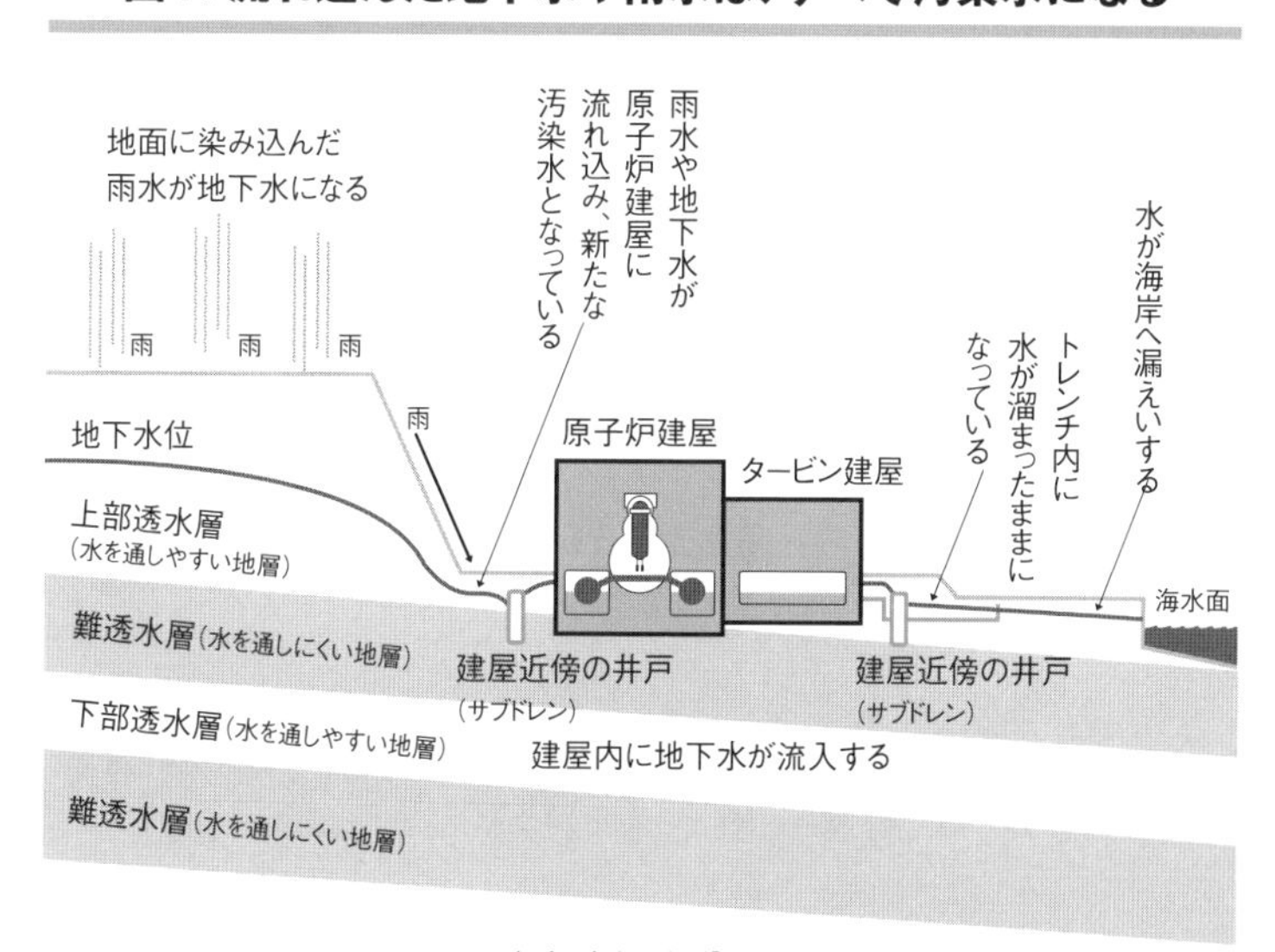

出所：東京電力（「汚染水対策の状況ー廃炉プロジェクト」より）

取り扱っている場所なので当然、汚染が生じます。そこは本来、外界と繋がってはいけない場所なのです。空気も水も勝手に出入りしてはいけないのですが、福島第一原発は地震に襲われたこともあって地下がボロボロに壊れてしまい、地下水がどんどん流れ込んでくる状態になってしまいました(図1＝133ページ)。

事故直後には毎日400トン、現在では同90トンの地下水が原子炉建屋に流れ込み、その全てが放射能汚染水になるので、その中に含まれている放射性物質を捕まえて取り除き、水をきれいにしなければいけません。それをいわゆる「処理」と呼ぶわけです。

水処理とは、水の中から放射性物質を捕まえて取り除く作業です。国が定めた基準以下の濃度になれば、環境に流していいことに

図2. トリチウムは水素の同位体

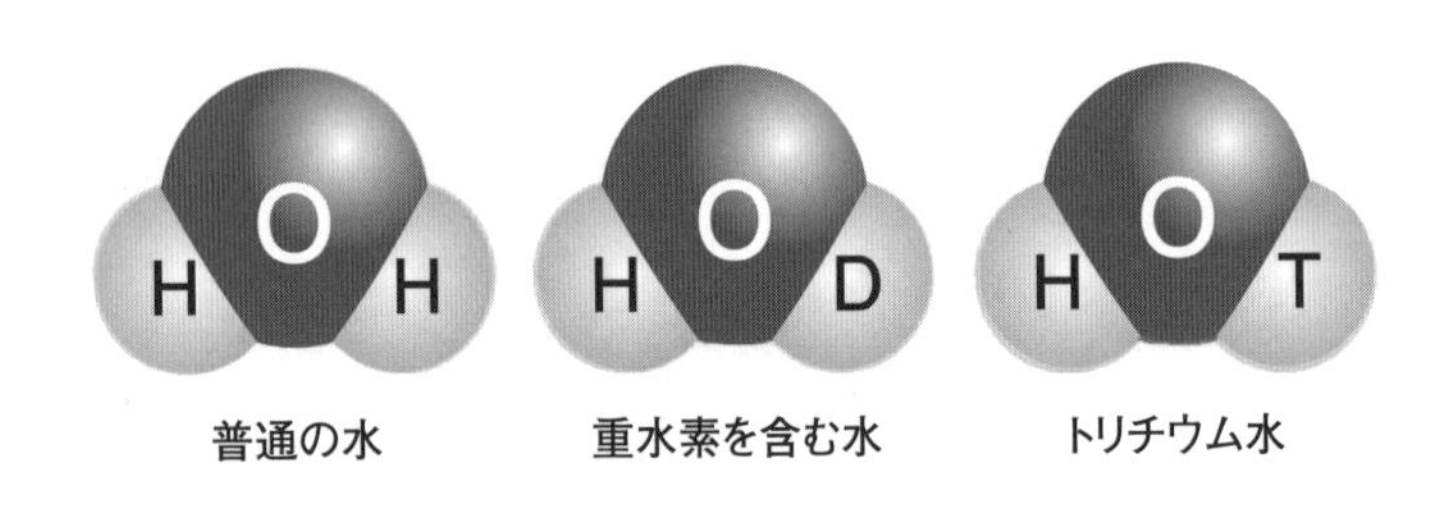

トリチウム水の化学挙動は、普通の水と全く同じ。どんなに頑張って水処理して水をキレイにしても、トリチウム水は水そのものであるため、決して除去できない。同位体分離技術を適用するには、汚染水の量が多すぎ、膨大なエネルギーが必要になってしまう。

なっています。つまり法律で定められた数値を満たすところまで放射性物質を取り除けば、その段階で汚染水は「処理水」になるわけです。

しかし今、福島第一原発が貯留する約134万トンの水の中には、どんなことをしても取り除けないトリチウムという放射性物質があって、それは国が定めた濃度の10倍もあります（図2）。ですから約134万トンの水は、いつまで経っても放射能汚染水なのです（図3）。

それを国と東電はどのように分けたかというと、トリチウムだけがどうしても取り除けないので、それは無視した上で、残っているセシウム、ストロンチウム、ヨウ素といった放射性物質について、法律で定められた濃度をクリアできたかどうかで、二つに分けたの

図3. 放射能汚染水の現状

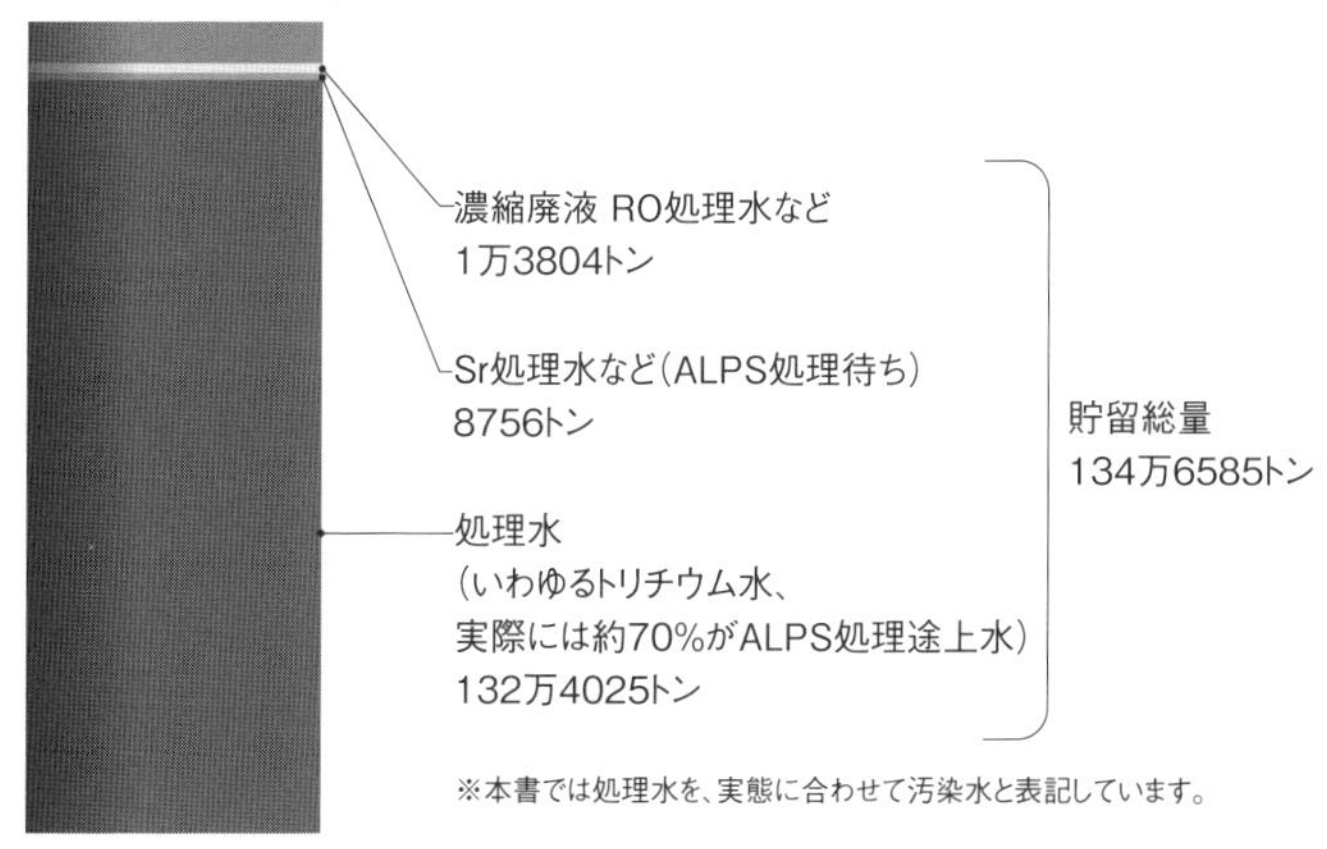

出所:福島第一原子力発電所における高濃度の放射性物質を含むたまり水の貯蔵及び処理の状況について（第604報/2023年6月12日）

です。しかし、トリチウム以外の残りの物質に関しても、国の基準値を満たさない、れっきとした放射能汚染水が7割あると東電自身が言っているのです。残りの3割は、トリチウム以外の他の放射性物質について国の基準値をクリアしただけで、トリチウムは何の処理もできないまま残っています。トリチウムは放射能ですので、ALPS処理水と国と東電が呼ぶ水も、れっきとした放射能汚染水です。

その上、基準値をクリアしたからと言って、放射能汚染がないわけではありません。なぜなら人間には放射能を取り除く力も、しきい値（どこからが安全かの数値）もなく、健康には必ず悪影響を与えると考えるのが科学というものだからです。

ALPSは放射性物質の除去に、ほとんど役に立たなかった

国も東電も、ALPSで汚染水処理をしてから海洋に排出したと盛んに宣伝していますが、実は放射性物質を十分に取ることができませんでした。つまりれっきとした放射能汚染水なのですが、そんなことを言っていたら、いつまで経っても海に流せません。そこで、「処理途上水」と呼び始めました。そこでさらに処理をして、水の中から放射性物質を取り除けた段階で、ALPS処理水という区分に移すのです。そうなれば、トリチウムは残ってはいるけれど、海水で薄めれば大丈夫だというのが、彼らの言い分です。

放射能を捕まえる装置は、ALPS以外にもあります。セシウムやストロンチウムだけを捕

まえる装置もあり、その上でＡＬＰＳがあるわけです。しかし、さまざまなことをやっても、そしてトリチウムを度外視しても、今の段階で国の基準値をクリアできない汚染水が7割残っているのです。クリアできた3割の汚染水にしても、海に流し終えるまでに10年という期間がかかります。3割を捨てている間に、残りの7割の汚染水をもう一度ＡＬＰＳなりを動かし、トリチウム以外の放射性物質を国の基準値をクリアできるまで取り除くというのが、東電の目論見です。

これは、あまりに楽観的すぎると言わざるを得ません。約134万トンの汚染水の中には、200種くらいの放射性物質が含まれています。大気中に出やすいもの、水に溶けやすいものなど、それぞれ性質が違います。その性質の違いの中で、一番重要なのは寿命の長さです。寿命が非常に短いものは200種類には入っていませんが、それでも事故から13年経った今、実際に問題になる放射性物質はせいぜい10種くらいでしょう。

東電はＡＬＰＳを使って62種類の放射性物質を捕まえると主張していましたが、実際にやってみたところ、事故から13年経っても未だに7割が捕れないで残っているのです。どんな物質が残っているかと言うとセシウム137、ストロンチウム90、ヨウ素129、ルテニウム106などで、それらに共通しているのは寿命が長いことです。事故から13年経った時点で、本当に問題になるのはせいぜい10種類くらいですが、その他の放射性物質はＡＬＰＳで取り除いたわけではなく、寿命で勝手に減ってくれたにすぎません。つまりＡＬＰＳは、ほとんど役に立っていないと言っても過言ではないのです。

汚染水をどんなに希釈しても、放射性物質の総量は変わらない

セシウム137の寿命は半分に減るまで30年で、今はまだ13年しか経っていないので、ほとんどなくなっていません。ストロンチウム90の半減期は28・8年、ヨウ素129ともなると、半減期はなんと1600万年です。

こういう放射性物質が残っているので、勝手に減ってくれるのを待っているわけにはいかないと考えるのは理解できます。ですから除去装置で捕まえようとしてきたのですが、これまでの実績を見れば、繰り返しになりますが、13年やっても放射性物質を除去できない汚染水が7割も残っているのです。これではALPSの効力に疑問が浮かび上がってきます。それでも国と東電は、トリチウム以外の物質はALPSを再度動かして取ると主張しています。もし、その作業ができたとしても、今の汚染水を流し終えるまでに20〜30年はかかってしまいます。また原子炉建屋のデブリ（熔け落ちた燃料）の周辺にある水もいずれ流れ込んできますので、それを海水で薄めて流し終えるまでには40年、50年はかかると思います。

東電によれば、2023年8月から4回に分けて汚染水を3万トン海洋放出しましたが、この間にもデブリが残る建屋に雨や地下水が入り、それをタンクに溜め込んでいるため、減少量は差し引き1万9000トンの減になります（2024年4月4日現在）。

「汚染水を海水で希釈してから、海に流しているから安心だ」という宣伝がされていますが、海水で薄めて海に流しているだけで、総量はまったく変わりません。ただ、法律をクリアできるかどうかの問題です。放射性物質を環境に捨てる時には、濃度規制の値をクリアしなければならないという網がかかっているので、それをクリアしないと海に流せないのです。

トリチウムはその基準の10倍も含まれていることが分かっているので、敷地に膨大な量の海水を大量に運んできて、コンクリート構造物の中で薄め、そこで数値をクリアしてから、1キロ先の海中にトンネルで送り出しています。薄めても総量は変わりませんから、何の意味もないのです。

トリチウムは「水」と一緒だから、どんなことをしても除去できない

放射能汚染水に大量に含まれるトリチウムは別名を三重水素（T）といい、水素の同位体です。水素は環境中では酸素と結合して、水になります。その水はトリチウム水と呼ばれますが、化学的には、普通の水とまったく同じなのです。汚染水の中から放射性核種を取り除くことはある程度できますが、トリチウム水だけは水そのものなので、決して取り除くことができないのです（図2参照）。

では、どうしてトリチウムが原子炉内に発生するのでしょうか。

原発の燃料であるウランが核分裂すると、「三体核分裂」（核分裂反応では原子核が2つに分

裂しますが、ごくまれにトリチウムのような小さな破片を含んで3つに分裂する時があり、それを三体核分裂と言います）によってトリチウムが生まれます。しかし、そのトリチウムは原発の通常運転時には、燃料棒と呼ばれる金属製の鞘の中に閉じ込められて、冷却水の中には出てきません。福島第一原発事故では、燃料ペレットも燃料棒も熔けてしまったため、もともとは燃料棒の中に閉じ込められていたトリチウムが水の中に出てきてしまいました。そして、原子炉建屋が地震で破壊されて地下水が流れ込み、それと混ざってしまったのです。

トリチウムという放射性物質は、ベータ線しか出しません。セシウム137はベータ線もガンマ線も出しますが、トリチウムはベータ線だけです。それも、エネルギーで言うと平均で6キロレクトロンボルトというベータ線しか出しません。セシウム137のベータ線は512キロエレクトロンボルト、ガンマ線は661キロレクトロンボルトですから、トリチウムのベータ線のエネルギーは、セシウム137のベータ線やガンマ線のエネルギーに比べれば低いのは事実です。だから安全だというのが、国と東京電力の言い分です。しかし、そう簡単な話ではないのです。

人間のDNAをズタズタに寸断するトリチウム

日本人約1億2000万人は全部違う人間であり、世界約80億人も全部違う人間です。それぞれの持っている遺伝情報が違うからです。私は「私」という人間の遺伝情報を持っていて、私以外の全ての人がそれぞれまた違う遺伝情報を持っているから、「その人」として生きていられるのです。

その遺伝情報はＤＮＡという物質に書かれています。簡単に言うと水素、酸素、炭素、あるいはリンとかさまざまな物質がお互いに手を繋ぎ合っています。どんなふうに手を繋ぎ合っているかということで、遺伝情報の全てが決まるのです。

その水素、酸素、炭素というようなものがお互いに手を繋ぎ合う時のネルギーを、エレクトロンボルトという単位で表すとせいぜい数エレクトロンボルトです。トリチウムは６キロエレクトロンボルトで、６キロのキロというのは１０００倍という意味です。

私が私として生きていられる、生き物として生きていられる化学結合のエネルギー、ＤＮＡならＤＮＡを作っているネルギーに比べると、トリチウムのベータ線のエネルギーは１０００倍も高いのです。そんなものが入ってくれれば、ＤＮＡでも何でもズタズタにされてしまいます。その結果、がんをはじめとするさまざまな病気の原因になるわけです。

経済産業省（資源エネルギー庁）のホームページなどを見ると、「トリチウムは外部被曝をしない。健康にほとんど害がない」という記述があります。セシウムのベータ線やガンマ線に比べれば、トリチウムのエネルギーが低いから安全だということも宣伝されていますが、安全な放射性物質などというのはあり得ないのです。

トリチウムは酸素と結合して水になるため、生物の体内に容易に取り込まれます。人間の身体の7割は水ですので、全身どこにでもトリチウムは行き渡り、細胞内分子組織が全身のあちこちで破壊されることになります。そんな危険な放射性物質を除去する方法は、ないのでしょうか。正確に言えばあります。同位体分離技術を使って、トリチウム水を普通の水と分離して捕らえることができます。しかしこれをやろうとすると、膨大なエネルギーが必要になります。約134万トンもある福島原発の汚染水の中にあるトリチウム水の重さは、約15グラムなのです。それに対して、同位体濃縮技術を適用することは実質的にはできない相談です。つまり、トリチウム水はもう打つ手がないという状態になってしまっています。

では、私たちは何ができるのでしょうか。残念ながら人間にも環境にも、放射能を消す力はありません。それぞれの放射能が持っている寿命を考えて、なるべく長い間閉じ込め続けて、その間に各放射性物質が自分で減ってくれることを待つしかありません。たとえば、トリチウムの半減期間は12・3年です。半減期の10倍を過ぎれば放射能の量は1000分の1に減ります。そこでトリチウムを含む汚染水をタンクで123年間保管すれば、海水で希釈しなくても、海洋放出することが法的には可能になります。

被曝は、必ず実害を及ぼします。安全な被曝などはないのです。放射能汚染水の危険性を指摘すると、「それは風評被害を生み出す」と批判されますが、おかしな話です。放射能に安全などという言葉は通じないからです。それを安全だ、風評だと言い募っているのが国と東電です。

原発事故を引き起こした犯人が、汚染水処理でも利益を上げているという現実

無用の長物、凍土遮水壁で喜んだのは原子力マフィアだけ

汚染水について真剣に心配されている方から、「タンクに溜まっている汚染水をリサイクルして、燃料デブリを冷やせばいいのではないか」という意見を聞くことがあります。しかし残念ながら、タンクの水を循環させても、地下水を遮断できなければ地下水はどんどん入ってくるので、汚染水は増えてしまうことになります。根本的には、地下水の流入を止めることしか方法はありません。

私は事故直後の2011年5月から、「とにかく地下水を遮断しなければならない」と提案してきました。具体的には、「10万トンの高濃度汚染水をタンカーで運び出し、廃液処理施設のある柏崎刈羽原発に運ぶ」、さらに、「原子炉建屋の地下に遮水壁を張り巡らせ、熔け落ちた炉心と地下水を接触させない」方策を提案しました。ところが東電は、「遮水壁にはコストが1000億円かかる。これでは同年6月に予定している株式総会を乗り切れない」という理由で、取り組もうとはしませんでした。

地下水の流入が止まらない現実を前に国と東電は２０１４年､｢凍土遮水壁｣に着工しました。土を凍らせて作る壁は、長さ1・5キロメートル。1メートルごとに長さ30メートルのパイプを打ち込み、それに冷媒を流し、アイスキャンディーを作るように周囲の土を凍らせて壁を作るという計画でした。２０１９年に完成したと言われていますが、その後も汚染水が増え続けており、事実として役に立ちませんでした。結局、汚染水は増え続け、どうすることもできなくなって、汚染水を海洋に垂れ流すことにしたわけです。

凍土遮水壁の建設には３４５億円の国費（国民の税金）が投入され、年間維持費として電気代だけで十数億円も費やされていると言われますが、結局役に立たず、国や東電はタンクに溜まった汚染水を海に流すことにしました。呆れるどころか怒りさえ込み上げてきます。

まさに無用の長物ですが、施工した鹿島建設は大儲けでしょう。福島第一原発事故の当事者である原子力マフィアは、汚染土の移染（除染）作業をはじめ、事故処理のさまざまな分野で利益を上げています。負担するのは国でも東電でもなく、電気料金を支払っている国民です。それだけのお金を社会福祉などに回せば、国民にとってはるかに有意義なのですが、それでは原子力マフィアは、何の利益も手にすることはできません。自分たちの懐に還元されない事業など、まるで意味がないというのが原子力マフィアの本音でしょう。木の幹が腐れば、枝も葉も腐ります。原子力マフィアは上から下まで、お金という物質に汚染されています。

当初は４００トン、今でも毎日90トンの地下水が原子炉建屋に流れ込み、その全てが放射能汚染水になっています。これでは、どんどん増える汚染水と海洋放出のイタチごっこです。私は海洋放出の期間を40〜50年と予測していますが、これは流れ込む地下水の量によって変動します。今からでも遅くないので、地下水の流入を止める方法を実行に移すべきでしょう。

未曾有の大事故を引き起こした犯人たちを、無罪放免する国

私は本書で、「原子力マフィア」という言葉を使っています。その理由を再度、簡単に説明しておきます。

２０１１年の福島第一原発事故前後、この利権集団は「原子力ムラ」と呼ばれていました。全国に57基の原発を建設した自民党政権と官僚、電力会社、原子力産業、学会、裁判所、マスコミ、広告会社などの利権集団を指す「名称」でした。「安全神話」をばらまき、そのくせ未曾有の事故を起こし、何十万何百万人という国民に大きな害を及ぼしたというのに、誰一人として責任を取らない「無法集団」です。

マフィアの一員である裁判官は、事故の責任を問うほとんどの裁判で、「国に責任はない」という判決を出し続けています。私も、何度かそれらの裁判に関わってきましたが、「裁判なんか起こしても無駄だ。それに費やす時間を、原発廃絶のために使おう」と思ったこともしばしばあります。もちろん、あきらめたりはしません。原子力マフィアは、原発廃絶を願う人々が、「何をやっても無駄だ」と匙(さじ)を投げるのを、今か今かと首を長くして待ち構えているからです。

原子力マフィアの人々は責任を何ひとつ取らず、のうのうと暮らしているだけではありません。原子力にまつわる巨大な利権に、また手を伸ばそうとしています。停止していた原発をあれこれと理屈をつけて再稼働し、耐久年度40年の原発を50年、60年に延ばすという危険極まりない行動に出ています。これは全て、利権のためです。私はもはや彼らを、「原子力ムラの人々」と呼ぶのをやめました。国民、大きく言えば人類のいのちをないがしろにして利権を求める彼らを、私は「原子力マフィア」と呼ぶことにしたのです。

原子力マフィアが、汚染水の海洋放出で行ったプロパガンダは二つあります。一つは「汚染水」を「処理水」とごまかすことです。マフィアの一員である新聞、テレビも盛んに「処理水だから安心だ」という、誤ったイメージを流し続けています。

処理水を「汚染水」と投稿して、辞任した経営者がいる

この「汚染水」という表現をめぐって、食材宅配サービス「オイシックス」を運営する「オイシックス・ラ・大地」の藤田和芳会長が辞任しました。一体何が起きたのでしょうか?

藤田会長は2024年2月10日、X（旧ツイッター）に「本当は『放射能汚染水』なのに、マスコミはその水を『処理水』と呼んでいる」と投稿、同12日には「東京電力は福島原発の放射能汚染水を海に流し始めた。今ある汚染水を流し終えるまで20年かかるという。その後、除去できないトリチウムを含む放射性物質を海に流し終えるまでは、さらに20年かかるという」

と発信しました。

真っ当な意見です。このような正しい認識を持つ企業経営者がいることは心強い限りですが、X上で批判を浴びたことから発信内容の一部を訂正、オイシックス・ラ・大地は懲罰委員会で3月末までの停職処分を決定、藤田会長は自ら辞任を申し出たということです。

X上の批判とは、「科学的根拠がない」とか「風評被害を招く」とか、それこそまったく根拠のないデマです。国や東電の言い分を丸呑みしたような戯言（ざれごと）を理由に処分されては、藤田会長がお気の毒です。さまざまな圧力もあったのでしょうし、辞任はおそらく藤田さんの抗議行動だろうと思います。しかし企業経営者が、国や東電のプロパガンダに惑わされることなく、自らの見識において、「処理水」を「汚染水」と断じた行動を私はありがたく思います。

燃料が熔け落ちた福島第一原発の汚染水は、大きな被害をもたらす

もうひとつ、国と東電が流したプロパガンダが、「トリチウムを含んだ汚染水は、世界中の原発が流している。処理水の海洋放出に抗議して、日本の海産物を禁輸した中国の原発だって同罪だろう」というものです。

まずお断りしておきますが、私は中国であろうと米国であろうと、すべての原発に反対し、一刻も早く世界の全ての原発が廃絶されることを願っています。その上で言えば、この宣伝はもちろん間違っています。意図的なウソと言ってもいいでしょう。

原発が平常運転運転をしている時も、原子炉の冷却水には何がしかの放射性物質が含まれています。そこで水処理技術を使って、放射性物質を取り除いて薄めてから、海や河に流しています。その基準を作ったのがＩＡＥＡ（国際原子力機関）です。日本だけでなく、米国、中国、ロシアもその基準をもとに国内法を作って、「汚染水は薄めてしまえばいい」ということにしています。これが国際的な原子力マフィアのやり方です。

そもそもこの基準は、平常時の運転に対する規制として作られたものです。福島第一原発事故のように膨大な核燃料が熔け落ちたデブリに触れた汚染水は、処理して放射性物質を捕まえればいいというレベルをはるかに超えています。馬鹿げた事故を起こして、その直後に膨大な放射能を垂れ流したことは犯罪的でしたが、それでもその後は曲がりなりにも管理してきた汚染水を、２０２３年8月からは意図的に海洋に流し始めたのです。

国と東電は、「汚染水が増え続けて、貯蔵するタンクが一杯になったのだから、海洋放出も仕方ないではないか」という理屈をつけていますが、それなら、タンクを増設すればいい。福島第一原発の敷地には十分な余裕があるし、周辺には除染廃物を置くために国が確保した中間貯蔵施設用の広大な土地があります。前記しましたが、タンクを置く場所はいくらでもあるわけです。どうして、そのような処置を講じなかったのでしょうか。

IAEAは「正義の味方」などではない

東電は2024年4月19日に、5回目の汚染水約7800トンの海洋放出を行ったと発表しました（5月7日に放出完了）。昨年（2023）年度は4回に分けて汚染水3万2000トンを放出、今年（24年度）は7回に分けて約5万4600トンを放出する予定です。

放出に際し、トリチウム以外の放射性物質の濃度は国が定めた基準を下回ると、相変わらず東電は主張しています。除去できないトリチウムも、原子力規制委員会が定めた1リットル当たり1500ベクトル（法令基準の40分の1）としていますが、どんなに取り繕うと汚染水に変わりはありません。

日本政府は、「濃度さえ薄めれば汚染水を海に流していいし、それは世界中で運転されている原発と同じこと」と主張しています。それを正当化するために、「濃度規制を守って海に放出するが、問題はあるか」とIAEAに諮問（しもん）したのです。誤解しないでほしいのは、IAEAとはもともと原子力を推進するための組織です。公正中立な組織などでは、全くありません。

「ちゃんと濃度規制を守って流しますが、どうでしょうか」と問われれば、「いいですよ」と答えるしかないわけです。それでもIAEAの報告書でさえ、「福島第一原子力発電所に貯蔵されているALPS処理水の放出は、日本政府による国の決定であること。また、この報告書は同方針の推奨でも、支持でもない」と、釘を刺しています。結局は国民の目を眩ませる役割を、ＩＡＥＡは演じているのだと思います。ＩＡＥＡは国際的な原子力マフィアの親玉のような存在で、子分である東京電力の大失敗（大事故とその後始末）を、「美しい言葉」で何とか穴埋めしようとしているにすぎません。

新聞やテレビの論調は、「ＩＡＥＡが認めているのだから」と、放射能汚染水の海洋放出の正当化を擁護していますが、ＩＡＥＡを権威として見なすこと自体が間違っています。つまりＩＡＥＡと日本という国、東電の関係は、「泥棒に泥棒を捕まえろ」と言っているようなものなのです。どっちもどっちで、ＩＡＥＡは国や東電と同じ仲間なのです。

ＩＡＥＡは責任回避のために、東電の海洋放出について「推奨もしない承認もしていない」態度を取っていますが、これも国や東電と示し合わせた「ひと芝居」と言っても間違いないでしょう。

２０２４年3月にはＩＡＥＡのグロッシ事務局長が来日し、「汚染水放出は国際基準に完全にのっとっている」と表明しました。国際的な原子力マフィアが何と言おうと、汚染水が無毒になるわけではありません。これも、ひと芝居の続きみたいなものです。

利権を守るためには平気でウソをつく。一番のウソは「安全神話」

国と東電が決めたことに、「文句は言うな」という厚かましさ

汚染水の海洋放出について東電は、「漁業者をはじめ、関係者への丁寧な説明等必要な取り組みを行うこととしており、こうしたプロセスや関係者の理解なしには、いかなる処分も行わず、多核種除去設備で処理した水は発電所敷地内のタンクの貯留いたします。」と文書を書いて約束しました。その約束は2023年8月24日、汚染水の海洋放出によってあっけなく破られました。カネさえ積めば、どうせ何とかなると高をくくっていたのでしょうが、福島の漁業者は崩れませんでした。でも、国や東電にとってはウソをつくことなど、何でもないことのようです。原子力マフィアは、あらゆる局面でウソをつき続けてきたし、都合の悪い情報は隠そうとしてきました。

最も大きなウソは、「原発は安全だ。事故など起きるはずがない」です。汚染水についても2018年までは、「汚染水はALPSで処理すれば、トリチウム以外は基準値以下にできる」と明言していました。しかし2018年当時、「処理水」の8割以上で、基準値を上回るトリ

チウム以外の放射性物質が検出されており、それを意図的に隠していました。住民側の情報開示請求によって、それが明らかにされましたが、ではそれ以降、正直になったかと言えばそんなことはありません。

国と東電は、「ALPS処理水」という名の放射能汚染水を海に流す場合、トリチウムが法令の基準値（1リットル当たり6万ベクレル）の10分の1、1リットル当たり1500ベクレルになるよう、海水で希釈すると言っています。そのことで、彼らはさも安全であるかのように装っています。でも、彼らがそうせざるを得なくなったのは、トリチウム以外のストロンチウム90、ヨウ素129、ルテニウム106などの放射性物質が、法令の基準値ギリギリまですでに含まれていて、その上にトリチウムを上乗せすればすぐに基準値を超えてしまうからです。今、福島第一原発の放射能汚染水は、あたかもトリチウムだけが問題であるかのように情報操作されていますが、放射能汚染水に含まれている放射能はトリチウムだけではないのです。

G7環境大臣会合で、文書改ざんが明るみに

2023年5月、広島市でG7（米国、英国、フランス、ドイツ、イタリア、カナダ、日本、欧州連合の首脳が参加する会議）の会議が行われました。この会議で日本政府は、放射能汚染水の海洋放出について国際的な支持を得ようと目論みましたが、すでに原発廃絶を決めたドイツは、それに明確に反対しました。したがってG7の英文の公式声明では、放射能汚染水の海

洋放出を「不可欠」とは認めず、「IAEAによる監視が不可欠」と書かれています。ところが、日本政府が日本語の仮訳を作成し、「海に流すことが不可欠」と捏造し、マスコミを通じて流したのです。英文をちょっと読めばそれに気づくはずなのですが、それを指摘した報道機関は『ニューズウィーク日本版』の西村カリン記者しかいませんでした。

自民党政府お得意の文書改ざんと言えますが、実はこれには前科があります。2023年4月15～16日に札幌市で行われたG7環境大臣会合でも、同じような意図的な誤訳が行われました。会合後の記者会見で西村康稔経産大臣（当時）は、「処理水の海洋放出を含む廃炉の着実な進展、そして科学的根拠の基づく我が国の透明性のある取り組みが歓迎される」と説明しました。すると隣に同席していたドイツのシュテッフィ・レムケ環境・原子力安全相は、「原発事故後、東電や日本政府が努力してきたことには敬意を払う。しかし、処理水の放出には同意できない」と反発したのです。

レムケ環境・原子力安全相発言の前半部分は、一種の外交儀礼でしょう。本意は、「処理水の放出には同意できない」ところにあるのだと思います。

共同声明では、「我々はALPS処理水の放出がIAEA基準や国際法にそって行われ、人や環境に害を及ぼさないことを確実に確認するためにIAEAのレビューを支持する。そして人や環境に害を及ぼさないことは、廃炉と福島復興に不可欠である」とありますが、日本語訳では「人や環境に害を及ぼさない」を消し去り、「ALPS処理水の放出が廃炉と福島復興に不可欠である」となっています。

この改ざんを指摘して抗議したのが、「放射線被ばくを学習する会」です。この抗議がなかったら、意図的な誤訳は放置され定着したかもしれません。

人のいのちに関わるテーマでの改ざんや誤訳、ウソは言語道断の悪行と言えますが、その一方で政府の本音もちらりと見えてきます。「人や環境に害を及ぼさない」と書かれては困る、つまりは放射能汚染水の海洋放出が、「人や環境に害を及ぼす」と思っているからでしょう。思っていなければ誤訳の必要もないはずです。

そのようなウソに翻弄され続けているのが、福島の漁業者です。

海洋放出が唯一の手段ではなかった

放射能汚染水の処理として、国と東電は、「海洋放出が唯一の手段」のような主張をしていますが、政府の「汚染水処理対策委員会」では地層注入、水蒸気排出、水素放出、地下埋設、海洋放出の5つの処理法を検討してきました。

2018年、「多核種除去設備（ALPS）等処理水の取扱いに関する小委員会」による一般の方々の意見を聞く公聴会が東京都と福島県で行われましたが、大半が海洋放出に反対で、陸上保管を望んでいました。しかし小委員会は、水蒸気放出と海洋放出が現実的で、海洋放出がより実現しやすいという報告を国に提出したのです。小委員会のメンバーは大学関係者、研究者、環境カウンセラー、東電などとなっていますが、主管するのは原子力政策を推し進めてきた原子力マフィアの中核である経済産業省で、この結論は、ほぼ予定されていたものです。

その経済産業省が2020年4〜7月に行ったパブリックコメントには、約4000件の意見が寄せられ、その多くが海洋放出に反対だったそうです。さらに福島県漁業組合連合会、全国漁業協同組合連合会は断固反対の決議をし、福島県内の農林水産業、観光業、消費者団体も反対しています。また、福島県の市町村議会の7割が国に対して反対、またはもっと慎重にという意見書を出しています。それにもかかわらず2021年4月13日、国会審議もせずに政府の関係閣僚会議で海洋放出を決定したのです。

2015年8月25日、東電は福島県漁業協同組合連合会に対し、以下のように文書で約束しています。

「関係者の理解なしには、いかなる処分も行わず、多核種除去設備で処理した水は発電所敷地内に貯留いたします」

こんな約束を交わしているのに、福島県民、漁業者など関係者の理解を得ないまま2023年8月24日、国と東電は汚染水の海洋放出に踏み切りました。福島県漁業協同組合連合会と交わした約束を、平然と反古(ほご)にしたのです。言ってみれば、この約束破りもウソのひとつです。ウソばかりついていると、当事者さえ、どれが本当でどれがウソなのかという判別が難しくなってくるものです。国と東電は、人間として普通は持っている倫理観さえ失ってしまいました。

国の原発政策は差別意識に溢れている。差別なしに原発の運転は成立しない

働く場である海を、国と東電に奪われた

そのようなウソに翻弄され続けているのが、福島の漁業者です。

2023年1月21日に福島県で行われた「汚染水はなぜ流してはならないか」という講演会に私も参加しましたが、宮城県県境の海で55年間、漁師をしている方が話をしてくれました。汚染水を海に流すことを決定した国と東電、福島県、宮城県の知事に対する真正面からの抗議でした。要約して、以下に紹介します。

「私たち福島県民は何ひとつ悪いことはしていない。それなのに、私たちは自由に海を使うことができないんですよ。私たちの仕事場ですよ、この海は。その仕事場を総理大臣であろうが誰であろうが、勝手に汚染水を流すことを決めて奪う。そんなことがあっていいわけがありません。海は大きな生き物ですよ、そこを汚してどうするんですか」

率直な心情にあふれた言葉に、私は胸を打たれました。先祖代々守ってきた海と仕事を奪われる悔しさは、筆舌に尽くし難いほどのものに違いありません。私は改めて、汚染水の基になっ

た原発を作り続けてきた国に怒りを覚えました。

福島の漁師は続けます。

「2年前、(当時の)総理・菅義偉(すがよしひで)さんが『十分に審議したので、汚染水を海洋放出する』と閣議決定しましたが、経済産業省から福島に説明に来たのは、たった3回くらい。福島県民の意見なんて、ほとんど聞いていない。それなのに、十分審議したって、どこが十分なんですか。それでも私は質問しました。凍土壁の失敗、汚水を海に流すトンネルの問題、クロソイは、基準値を超える放射性物質が検出されて出荷停止になりましたが、どうしてクロソイに検出されたのかなどについて聞きましたが、答えは、『分かりません』です」

2021年2月22日に、新地町沖合8・8キロ、水深24メートルの漁場で獲れたクロソイを測定した結果、放射性セシウムの濃度が1キロ当たり500ベクトルと、国の基準の1キロ当たり100ベクトルを大きく上回ったため、県漁連は安全性が確認できるまで出荷停止を決めました。

漁業者の誇りを踏みにじる蛮行

「原発を進めたのは国だから、全て国の責任でしょ。でも、30年、50年後のことに誰が責任取るんですか。取れるんですか。海を汚したら、どんなことになるか分からないんですよ。だから今、私たちの子孫のためにも、国や東電の暴走を止めなくてはいけない」

全くその通りだと思います。原発被害は、今だけの話ではないのです。汚染された海に何が起きるかは、何も分かっていません。しかし、繰り返しになりますが、放射能を消す力は人間にも自然にも備わっていないことを知れば、国や東電、ＩＡＥＡが言う、「放射性物質は基準値以下に薄まれば安全」に根拠がないことがはっきりしてきます。口を開けば、それを「科学的根拠」などと強弁していますが、そんなものは詭弁にすぎません。はっきり言えば、大ウソなのです。

「私たちはね、寒い冬でも、指がかじかんでも、美味しい魚を消費者に提供するために頑張っているんです。それが漁師のプライドというもんです。国や東電は、『風評対策』なんて机上の空論ばかりですよ。福島県の漁師は今、不安でいっぱいです」

その不安は、現実のものになりました。２０２３年8月24日に、多くの人々の反対を無視して、放射能汚染水の海洋放出が始まったからです。どうして、このような無理難題が罷り通るのでしょうか。私はそこに、都会のためには地方が犠牲になれという、救い難い差別意識を見ます。

原発事故関連死の責任を、誰が取るのか

原発の立地を見れば明らかですが、都会に電力を送るために地方に建てられています。

この関係自体が、許し難い差別だと私は思います。国も電力会社も原発が危険であることを

十分に知っていて、だから人口の多い都会ではなく、少ない地方に建てました。つまり国や電力会社は、人口の多い都会の人々は危険に晒せないが、人口の少ない地方の人々にリスクを負ってもらおうと考えたのです。それは福島第一原発事故で、立証されました。

50万近くの人が突然、これまでの生活を奪われ、避難生活を強いられたのです。事故から13年経った今でも、2万を超える人々が避難生活を続け、原発事故・避難生活関連死は、2023年3月31日現在、2300人（福島県）を超えています。これは全く理不尽な「差別死」と言ってもいいでしょう。2017年、今村雅弘復興大臣は、「まだ東北、あっちのほうでよかった。首都圏あたりだと莫大、甚大だったと思う」と発言しました。このような無慈悲な言葉を私は許すことができません。

かけがえのないいのち、家族、仕事を奪われた人々が賠償を請求するのは当然です。差別した側に責任を取らせるのは真っ当なことですが、裁判所は国や東電の責任を厳しく問うことがないというのが現実です。これは明らかに、地方の人々を軽んじる差別だと言わなければなりません。

廃炉作業を行う作業員の被曝状態が心配

この国にはびこる差別政策は、事故処理に当たる原発作業員にも適用されています。福島第一原発の廃炉作業では現在、毎日約4000人の作業員が働き、そのほとんどが、一次から五次とも言われる多層下請け構造に組み込まれた下請け企業約800社（2013年　東電「廃炉作業に係る作業員の確保について」）に所属しています。東電や資源エネルギー庁（経済産業省）は、以前と比べると労働条件は格段に改善され、被曝量も減ったと言っています。かつては労働者の賃金のピンハネが横行したり、下請企業が反社会的組織と関わりがあることが明らかになったりしました。忘れていけないのは、廃炉作業に携わっている原発作業員の被曝によって初めて、福島第一原発事故は最悪の事態を免れていることです。そんな下請け労働者に対する差別を許したくありません。

もちろん原発作業員の被曝はこれまでも、そして今も続いており、心配です。法律に従えば、一般人の場合は年間1ミリシーベルト以下が基準です。これは1万人のうち1人ががんで死亡する確率です。10ミリシーベルトだと1000人に1人が死亡するという計算になります。それに対し原発作業員の被曝限度は5年間で100ミリシーベルト、その範囲内であれば1年間に50ミリシーベルトまで許容と決められていました。そして、事故時などには100ミリシーベルトまでの被曝を許すと決められていましたが、福島第一原発の事故直後には250ミリシーベルトまで引き上げられました。何という非情でしょうか。

作業員ががんを発症する可能性は、非常に高くなったと推定されています。しかも作業員の中には、生活のため線量計の数字を低くごまかして働いている人も少なくないようです。「それは自己責任でしょう」と言われるかもしれませんが、ここで自己責任などという言葉を持ち出すのは間違っています。それは東電の責任を免責するだけの話です。

東電には最低限、作業員の被曝量を年間50ミリシーベルトから、20ミリシーベルトに抑える責任があります。そのためには作業員の数を増やし、1人ひとりの作業員の作業時間を減らす方法があります。もちろん、普通の生活ができる賃金を保証することが前提です。

下請け作業員に対する差別に反対する

2023年10月25日のことです。福島第一原発にある汚染水の処理設備の配管洗浄作業中に、放射性物質を含む廃液が作業員にかかるというトラブルが生じました（NHK　2023年10月30日）。人間が行う作業である以上、このようなトラブルはつきものです。問題はトラブルの正確な把握と説明、適切な事後処理でしょう。そこで東電にまた、「トラブルの矮小化」、つまり、「たいしたことではありませんよ」とごまかす悪癖が出たのです。

東電は当初、飛散した廃液の量をおよそ100ミリリットル、廃液がかかった作業員数を2人と記者会見で発表しましたが、のちに実際の廃液量は数十倍の数リットル、作業員も5人と訂正しました。それだけではありません。作業員が所属する企業は一次下請けではなく、三次下請けであったと訂正しました。書いているだけで嫌な気持ちになるのですが、作業員を指導する監督者がいなかったこと、作業員が防水用コートを着用していなかったことも明らかになりました。

事故の矮小化という面は確かにありますが、このような事実を重ねていくと、東電は作業員の所属先も知らず、作業員の安全な作業にも配慮していないことが明らかになりました。幸いだったのは、被曝した作業員2人が軽症で済んだことです。だからといって安心することはできません。人のいのちと直結するような現場で、このようなデタラメが横行しているとなると、他の現場も心配になってきます。しかも東電は、この事故を起こした企業と新規契約はしないという、その場しのぎの対策でお茶を濁そうとしています。問題はそんなところにあるのではなく、廃炉や汚染水作業に関わる下請けの作業員をどうやって被曝から守るかということです。

単純な事故の原因は、東電の管理体制にある

こんな事故がありながら東電は全く反省もせず、教訓にもしていないようです。同じ汚染水の処理設備の配管洗浄中に、また事故が起きたのです。2024年2月7日、汚染水に含まれる放射性セシウムやストロンチウムを低減する除染設備の洗浄中に、建屋外の排気口から洗浄廃液が漏出しました。排気口につながる配管の弁が開いていたことが原因ですが、それを事前にチェックすることができないまま事故に至りました。この弁は本来、手動ではなく自動開閉するものだと聞いています。どうしてそれが開いたのか未だに明らかでありません。

大きな事故の前には、必ず小さな事故が積み重なっているものです。原発の場合は小さな事故でも作業員に被曝を強いたり周辺の環境に影響を与えたりしますから、軽く考えるわけには

いきません。東電は漏洩量を約5・5トンと発表し、発電所構外への漏洩はなかったとしています。東電は例によって、「何でもなかった」という態度を取っています。しかし2023年10月25日に引き続き、このような事故が起きるのは作業員の責任ではなく、東電の管理体制の不備、怠慢にあります。

今回の事故では、作業員に被曝はなかったとされています。それが本当なら不幸中の幸いです。言うまでもないことですが、原発作業員はそれぞれかけがえのない人生を送っているのであり、愛する家族もいることでしょう。東電は、「使い捨て」の労働力と思っているようですが、作業員の被曝がどうしても心配になります。

おそらく今もなおピンハネが横行し、下にいけばいくほど作業員の賃金取り分が不当に減らされていると思います。この国では、親会社の権力は絶対で、下請け企業に無理を強いるという差別が平然と行われています。同じことが福島第一原発でも行われていて、そのしわ寄せを一番下の企業の作業員が被っているではないかと恐れます。

外国人労働者も、被曝作業に従事させようとする計画

福島第一原発では現在、毎日約4000人の作業員が働いています。しかし日本社会は、さまざまな分野で深刻な人材不足に見舞われています。福島原発で働く作業員数も不足しており、それが作業員に過重な労働を強いている面もあります。技術や知識を継承していない運転

スタッフも増えているそうです。

今後、数十年以上続く廃炉・汚染水放出作業に必要な人手が少子化時代を迎え、さらに不足することが考えられます。そこで国や東電が目論んだのが、「特定技能」外国人を雇い入れることでした。特定技能とは、介護など特定の産業分野に従事できる知識や能力を持つ外国人の在留資格です。東電は、この特定技能外国人を廃炉作業に従事させようとしたのですが、現場の作業員からは言葉の問題もあり、意思疎通に欠けることが原因で事故が起きる恐れがあるのではないかという危惧が持ち上がり、いったんは棚上げにされました。

私は外国人労働者が、日本で働くことに問題はないと考えますが、おそらく近い将来、福島第一原発の廃炉作業などに雇われると推測しています。実際、「いずれは雇用することになるだろう」という東電関係者の発言もあります。

日本人であれ外国人であれ、彼らを使い捨てしないよう願いますが、国や東電のこれまでの差別的な仕打ちを見てくると、とても安心はできません。

この国の政府は、「弱肉強食」路線をひた走る無法集団なのか

避難した人々には、無制限の補償をすべきだ

文部科学省は福島原発事故直後の2011年4月19日、1時間当たり、空間被曝線量率が3・8マイクロシーベルト未満の学校は通常通り校舎、校庭を使うことを認めると通達しました。しかし、その基準は年間20ミリシーベルトの被曝を前提としています。これは給料をもらう原発作業員に対して許されたレベルです。細胞分裂が盛んな子どもは、成人よりはるかに放射能の影響を受けることが実証されており、この通達は言語道断と言わなければなりません。

福島第一原発事故では約1100平方キロメートルの土地から、10万人以上の人々が追われ、今でも310キロ平方メートルの土地が帰還困難地域になっています（2024年）。避難についても計画性がなく、それまでの共同体を崩壊させてしまいました。福島第一原発から半径50キロメートルにある飯舘村長は、「除染なしでも避難解除」を要望しました。共同体を復活させ、元の生活を取り戻したいという村民の気持ちを汲んだ、苦渋の選択だと言えます。

その一方で福島県は2019年、支援期間を過ぎても提供していた住宅から退去しなかった

自主避難の63世帯に対し、契約に基づき家賃の2倍に相当する損害金を支払うよう請求書を送付しました。「早く帰還しろ。さもなければ金を払え」という脅しみたいなものです。しかし帰還する場所は、未だに汚染されたままです。

放射能被曝の影響を受けやすい子どもを抱えた家庭なら、「そんなところに戻りたくない」と思うのは親として当然です。日本の法令では、一般の人々には1年間に1ミリシーベルト以上の被曝をさせてはいけないと定められています。福島事故が起き、それが20ミリシーベルトまで勝手に引き上げられてしまいましたが、もともと避難を強いられた人々に、何の落ち度もないのです。福島県が損害金を請求する相手は、国か直接的には東電でしょう。こんな無法で非情な仕打ちが、平然と行われているのです。

どこで、どう生きるかは、避難した人々が自由に決めることであり、国や東電、県が指図することではありません。甚大な被害を受けた人々への償いは、人々が納得いくまで無制限に行うべきだと私は考えます。

福島の復興に冷淡な歴代の自民党内閣

残念ながら、国や東電、自治体はそうは考えていないようです。「予算には限りがある」などともっともらしい意見もありますが、2021年に開催された東京オリンピックの総経費は3兆円を超えました。私はオリンピックなどには全く関心がありませんが、原子力緊急宣言が継続されている国で、お祭り騒ぎをする非常識には心底呆れました。オリンピックに費やされたお金は、そのままそっくり避難した人々、あるいはいのちをかけて働く原発作業員の賃金上乗せ、復興コストなどに回すべきでした。

2013年、当時の安倍晋三首相がオリンピック招致演説で、福島第一原発事故は「アンダーコントロール（制御）されている」と大ウソをつきました。当時、1日に出る汚染水が400トン、貯蔵タンクが足りず、急拵えのインスタントタンクで対応していました。深刻な汚染水漏出が起き、セシウム134、ストロンチウム90など放出基準の2000倍、25万倍を超える汚染水が港湾に流れ込んでいたのです。

全国各地に避難した福島の人々は当時、新しい環境で生活を維持するために四苦八苦していました。新しい学校でいじめを受けた子どもの話題も、よく報道されていた頃です。安倍首相の頭の中には、このような現実が入っていなかったか、あるいはもともと興味も関心もなかったのでしょう。事故のことなど、きれいさっぱり忘れたかったのかもしれません。

安倍首相のあとを継いだ菅義偉首相も同じようなもので、東日本大震災の追悼式を2021年で打ち切りました。このような自民党内閣の福島復興に対する冷淡さは、「原発事故のことはなかったことにしたい」「福島のことなんかに、いつまでも関わってはいられない。中央のことを優先すべきだ」という度し難い差別意識があるように思います。私が考える復興とは、「そこに住んでいた人たちの生活が戻る」ことです。中央なんかボロボロになっても、まず福島の復興を優先させることです。

核兵器使用を仄めかしたイスラエルには、制裁が必要

この原稿をまとめている最中、中東パレスチナ・ガザで選挙によって選ばれた正当自治政府ハマスの攻撃に対し、イスラエルが国家的テロと言ってもいい「虐殺行為」を繰り返しているというニュースがさかんに報道されています。初めにお断りしておきますが、私はハマスをテロ組織などとは思っていません。1947年、米国や英国の後押しでイスラエルが建国、その際にパレスチナ人の土地を奪い、今も入植という形で「侵略」を続けています。イスラエルの圧力によって、「天井のない監獄」に閉じ込められた220万人のパレスチナの人々は、3人に2人が貧困ラインで生活することを強いられてきました。

ハマスはそのような状況を何とか打破するために、長い間地道な活動を続けてきました。一方、イスラエルによる入植、侵略は止まるところを知らずに続いています。イスラエルへの越境攻撃も、パレスチナの人々にとっては止むにやまれぬ行動だったはずです。ハマスの人質になった方々の無事を祈りますが、この戦いの原因を作ったのはイスラエルです。イスラエルが、「パレスチナ人なんか、エジプトの砂漠に放逐してしまえ」という鼻持ちならない差別意識を捨てない限り、パレスチナ人は戦いをやめないでしょう。かつてアメリカ先住民は、入植してきた白人の暴虐に抵抗しました。でも、圧倒的な武力によってその抵抗は敗れました。弱者に

よる抵抗は決して弱者自身のためになりません、でも、止むにやまれぬ抵抗は必ず起こりますし、私はパレスチナ人の戦いを支持します。

原発と核兵器はイコールであり、私はそのどちらも廃絶させたいと思い続けてきました。その意味で、イスラエルのある大臣が、いざとなれば「ガザに核兵器を使用する」可能性を仄めかしたことは聞き逃すことができません。例によって日本政府もマスコミも、この発言を黙認しているようですが、一方で朝鮮民主主義人民共和国のまだ完成もしていない「核兵器」には滑稽なほど大騒ぎするわけです。このようなダブルスタンダード（二重基準）を、私は容認することができません。しかも岸田文雄首相は2023年12月26日、ハマス幹部3人に対し資産凍結という制裁を加えることを決定しました。どっちみち何の効果もない「演技」みたいなものですが、これまでどちらかといえば友好関係にあったパレスチナ人への敵対行為と見なされるでしょう。米国や英国に追随し、蛮行を繰り返すイスラエルを励ますだけの愚策です。

ガザ市民虐殺の片棒を担ぐことは、やめてほしい

国連パレスチナ難民救済事業機関（UNRWA）の複数の現地職員が、2023年10月のイスラエル越境攻撃に加わっていたことから、米国や英国などがUNRWAへの資金拠出を一時停止しました。日本もその尻馬に乗って拠出を停止しましたが、どうしてこんな非道なことができるのでしょうか。3万4012人が亡くなり（2024年4月19日現在　ガザ保健省調

べ）、そのうち子どもの死亡が1万3000人を超えています。人口の8割を超える190万人を超える人々が家を追われ、厳しい難民生活を送っています。UNRWAの支援がなければ、生きていくことさえ難しい状況です。資金拠出を停止するのはイスラエルの虐殺行為、侵略行為を支援することと同じです。

イスラエルにこそ国際社会は経済制裁を加え、虐殺をやめさせるだけでなく、核兵器を放棄させるようにすべきなのです。私は、あらゆる国の核兵器に反対しています。もちろん、米国をはじめとする核兵器保有国の核を廃棄させることが何よりも大切です。朝鮮民主主義人民共和国の核兵器にも反対です。すでに実戦化しているらしいイスラエルの核兵器にも断固として反対します。と言ってもこの国の政府は、それに賛同しないと思います。なぜなら、どうしても原発をやめないのも、放射能汚染水を海洋に放出するのも、近い将来、「核兵器を持つ、戦争のできる国」を目指しているからです。

これは私の「妄想」などではありません。タレントのタモリさんは、現在の日本の危険な風潮を「新しい戦前」と表現しました。人を殺す兵器の輸出まで手を染めようとしているこの国は集団的安全法制を認め、「戦争のできる国」を目指して着々と歴史を進めています。そして、核兵器製造の材料であるプルトニウムを確保するために大きな役割を果たすのが、六ヶ所村の再処理工場です。第2章でも明らかにしましたが、福島第一原発の放射能汚染水の海洋放出は六ヶ所村の再処理工場とつながっているのです。

福島第一原発の放射能汚染水は、海洋に放出することが最初から決まっていた

六ヶ所再処理工場が放出する放射能量は、膨大なものに

六ヶ所再処理工場は、各電力会社が株主である国策会社「日本原燃」が運営しています。740万平方メートルという広大な敷地内に、「ウラン濃縮工場」「低レベル放射性廃棄物埋設センター」「高レベル放射性廃棄物貯蔵管理センター」も併設、今後はMOX燃料工場の建設も予定されていますが、2023年現在、本格稼働はしていません（図4＝172ページ）。

原発の燃料である天然ウランのうち、約0・7パーセントの核分裂しやすいウランを4～5パーセントに濃縮するのがウラン濃縮工場、低レベル放射性廃棄物埋設センターは原発の運転で発生する低レベルの廃棄物を埋設する施設、高レベル放射性廃棄物貯蔵管理センターは、フランスや英国に委託し再処理（全体で7100トン）された高レベル放射性廃物ガラス固化体を一時的に保管する施設です。

原発を運転すれば、使用済み核燃料が必ず生じます。日本では、それを六ヶ所再処理工場に送り、毎年800トンの使用済み核燃料の再処理を行うと計画されています。

図4. 六ヶ所再処理工場の構内MAP

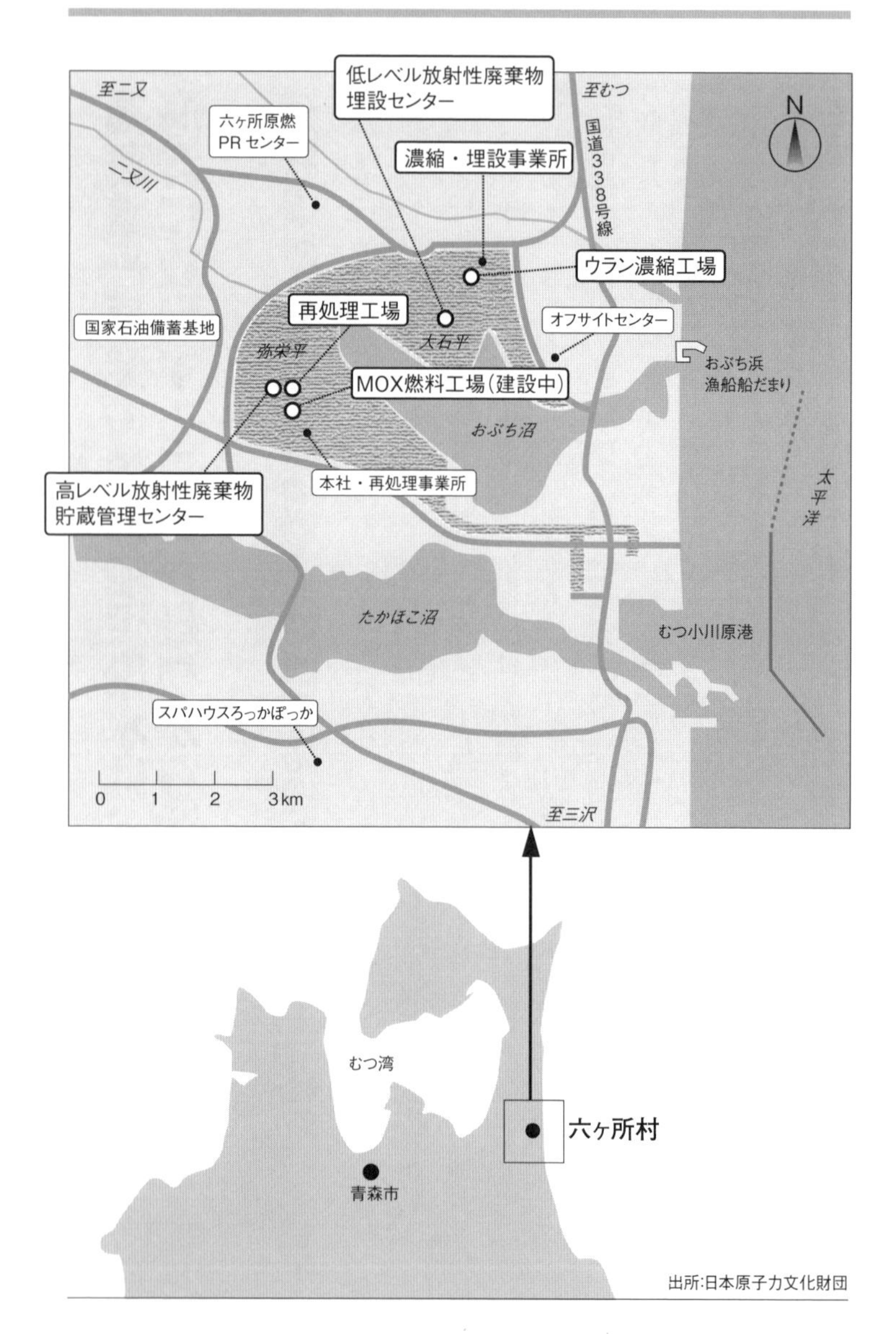

出所:日本原子力文化財団

１９８９年に事業指定申請された当初は、１９９７年末の稼働を予定していましたが、相次ぐトラブルのため延期に次ぐ延期が続き、当初予定から四半世紀を越えても運転が開始できていません。２０２４年９月までのできるだけ早い時期の完成を目指すとしていますが、それもきわめて難しい状況です。

問題のひとつは、これまでかかったコストです。当初の建設費用は７６００億円でしたが、２００３年に電気事業連合会が総費用を11兆円と公表しました。これが２０２３年には14兆７０００億円に膨れ上がっています。いったん決めたからと言って、この青天井のようなコスト膨張はもはや常軌を逸しています。２０２４年度の国の一般会計の総額が約１１０兆円ですから、累計とはいえ、その10パーセントを上回るほどの予算を注ぎ込む価値が、六ヶ所再処理工場にあるとは到底思えません。

再処理とは、使用済み核燃料中に生成・蓄積したプルトニウム２３９を「燃え残りのウラン」と「新たに生まれた核分裂生成物」に分離し、取り出すための作業を指します。もともとは、核兵器の材料として、プルトニウムを取り出すことを目的に開発された軍事技術なのですが、この取り出しが問題なのです。原子炉の段階では曲がりなりにもプルトニウムや核分裂生成物を閉じ込めていた燃料棒を、再処理工場では3〜4センチに細かく切り刻み、硝酸に溶かして、化学的にプルトニウムを分離します。放出される放射能の総量は膨大で、普通の原発の原子炉1基が1年間に出す量を、1日で放出するとさえ言われているのです。

六ヶ所再処理工場には、すでに使用済み核燃料が約3000トンも運び込まれています。一つの原子力発電所が生み出す使用済み核燃料は1年間に約30トン、つまり原発100年分の放射能が溜め込められていることになります。

2006年に実際の使用済み燃料を使ったアクティブ試験（試運転）をしたため、工場全体が放射能で汚染されました。その作業の途上でもトラブルが次々と発生し、未だに本格稼働に至っていません。現在、新規制基準への適合審査が行われていますが、すでに放射能で汚染された区域での改良工事は猛烈な被曝作業を伴います。

プルトニウムは人類が生み出した最悪の物質

再処理で取り出すプルトニウムとは、一体どんな放射性物質なのでしょうか（図5）。

原発ではウラン235を燃やします。多くの日本人は、原発は化石燃料が枯渇したあとの未来のエネルギー源だと思いこまされています。しかしウラン235の資源量は、発生できるエネルギー量に換算して石油の数分の1、石炭の数十分の1しかなく、化石燃料より早く枯渇してしまうのは確実です。そこで非核分裂性のウラン238をプルトニウム239に変換し、再利用する構想が生まれました。そのために高速増殖炉という特殊な原子炉が必要になります。それが日本では「もんじゅ」と名付けられた実験的な原子炉でした。それについては第4章で詳しく紹介しますが、1兆円以上の資金を投入したのに、全く動かないまま2016年に廃炉にすることが決まりました。

　プルトニウムは長崎原爆の「原料」になったものです。日本は、日本の原発で生じた使用済み燃料を英国とフランスの再処理工場に送ってプルトニウムを取り出してもらい、すでに45・8トン保有しています（2021年現在）。それで長崎型原発を作れば、なんと4000発も作ることができる量です。日本は、使い道のないプルトニウムを保有しないと国際公約させられています。しかし、プルトニウムを使うと言っていた「もんじゅ」はすでに破綻してしまいました。そこで保有量を減らすために、プルトニウムとウランを混合させて燃やすプルサーマル発電を導入したのですが、これが極めて危険な所業なのです。

　プルトニウムの特徴は、ウランの20万倍も毒性が強いこと、「核分裂面積が大きい（核

図5. プルトニウムの製造

ウラン235
燃えるウラン ＋ 1個 の中性子 —核分裂→ 核分裂生成物＋エネルギー
（0.7%）　　　　　　　　　　　　　　　　＋ 2個か3個 の中性子

核分裂反応では火種が倍々ゲームで増える。まさに爆薬の性質

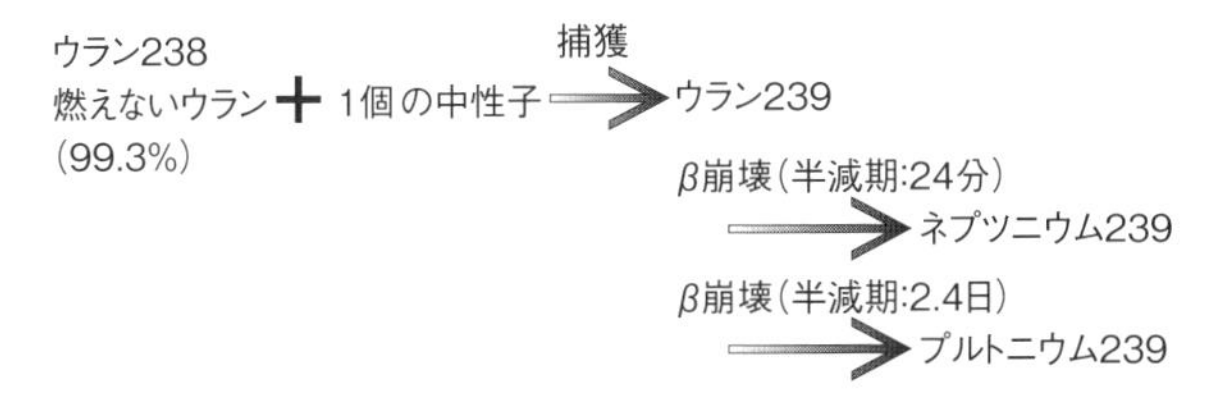

プルトニウム239はウラン235と同じく、核分裂を起こす能力を持つ。
原子炉を運転すると、自動的に原爆材料プルトニウム239が手に入る。

分裂がしやすい)」ことです。福島第一原発事故では核分裂を止めるために制御棒を入れましたが、核分裂がしやすいプルトニウムでは、その効果が弱まります。つまり、それだけ破局的事故の確率も高くなるわけです。福島第一原発でも3号機がプルサーマルを導入していました。環境に放出されたプルトニウムの人体に対する毒性は、極めて高いと言わなければなりません。100万分の1グラムの微粒子を吸い込んだだけで、肺がんを誘発するというほど危険な毒物です。

いったん暴走したら制御が難しく、人体にも甚大な被曝被害を与えるプルトニウムは、「人類が生み出した最悪の物質」です。それにも拘らず日本という国は、未だにプルトニウムの生産に執着しているのです。国の原子力政策は、図6のような核燃料サイクルを実現することが目標です。しかし、このサイクルの多くのポイントで破綻が生じ、あるいは施設が完成しないという状況に陥っています。

すでに六ヶ所村周辺は、深刻な汚染に見舞われている

まだ本格稼動していない再処理工場ですが、アクティブ試験(試運転)中に工場から大気中と海に放出された放射能汚染はすでに深刻な状態にあり、その汚染は隣接する岩手県内部や三陸海岸にも広がっています。2006年から2008年にかけて、実際の使用済み核燃料(425トン)のせん断・溶解を行うアクティブ試験を行なった結果、海洋に放出されたトリ

チウムの量は、運営会社の日本原燃によれば合計約２１５０兆ベクレルでした。これは福島第一原発から放出される汚染水に含まれるトリチウムの総量８６０兆ベクレルの約２・５倍に相当します。

六ヶ所再処理工場に近づくと、見上げるような高さ１５０メートルの排気塔に目を奪われます。これは気体の放射性物質（トリチウム、クリプトン85、炭素14、ヨウ素１２９など）を環境に放出するためのものです。液体の放射性物質（トリチウム、ヨウ素１２９、ヨウ素１３１など）は、太平洋の沖合３キロメートル、水深44メートルに引かれた放水管から海中に放出されます。沖合に持っていけば安全というわけではまったくなく、放射性物質はより広く拡散されるだけの話です。試運転の段階で、汚染がすでに広がっているのです。

図6. 核燃料サイクル

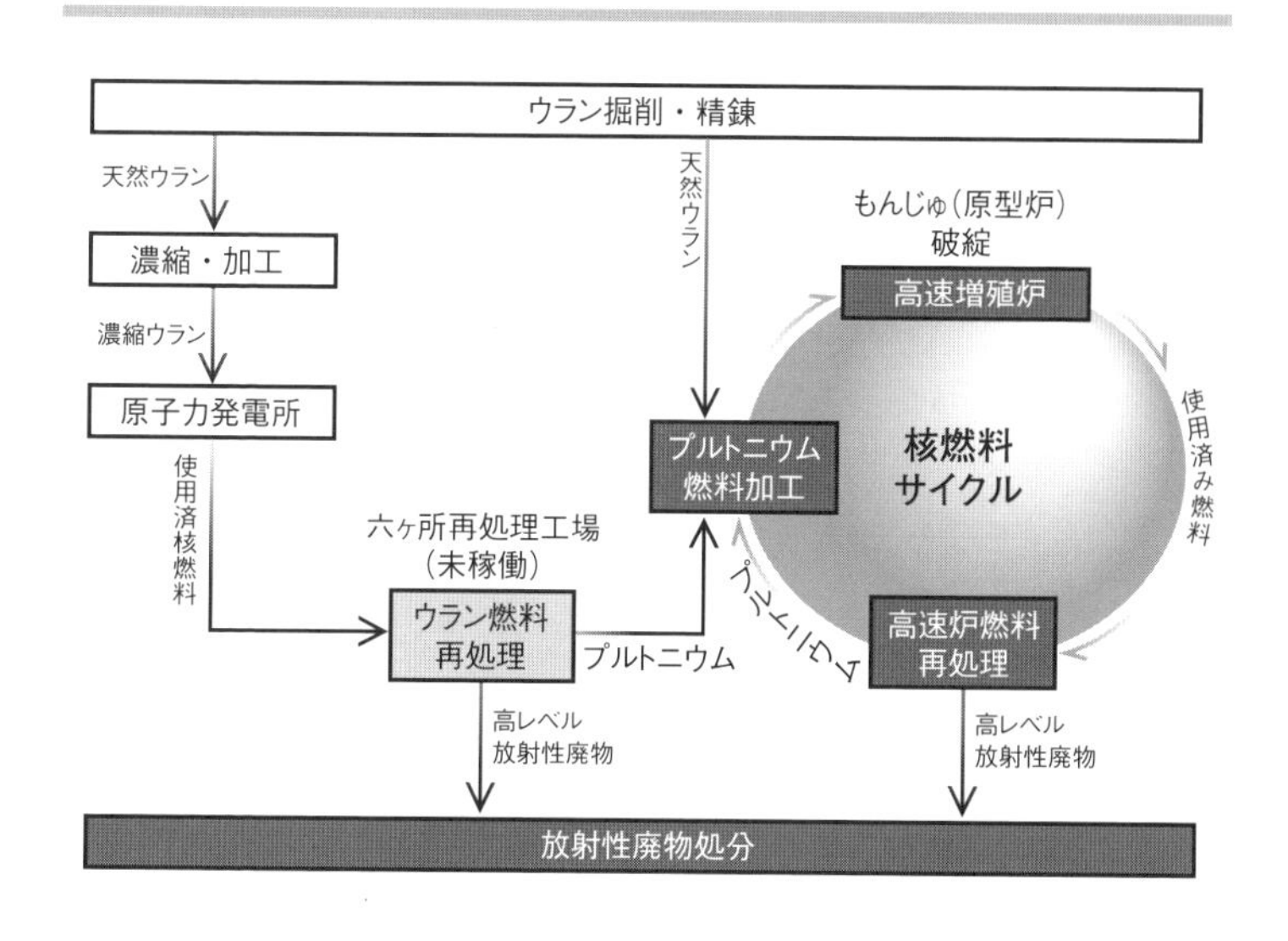

海に放出される放射性物質のひとつに、トリチウム（半減期12・3年）があります。福島原発の汚染水にも含まれることで、あれこれと論議を呼びました。再処理工場から海洋に放出されるトリチウムの量は年間1万8000テラベクレル（テラは1兆倍）、1日当たりにすれば約60テラベクトルです。このトリチウムを、原子炉等規制法で放出が許される濃度（1立方センチ当たり60ベクレル）まで薄めようとすれば、毎日100万トンの希釈水が必要になるのです。100万トンは大阪市の1日の水道量にほぼ匹敵しますが、これほど膨大な水で薄めなければならない毒物を、六ヶ所再処理工場は大量に放出することになるわけです。

原発は、発電設備としての効率が著しく悪く、ウランが核分裂して発生するエネルギーの3分の1しか電気に変えられません。そのため、3分の2のエネルギーは環境に捨てます。日本では、海水を冷却水として敷地に引き込み熱を捨てています。100万キロワットの原発の場合、1秒間に70トンの冷却水が7度温められて海に流されます。1秒間に70トンの流量を超える川は日本には30しかありません。つまり原発が運転されると巨大な河に匹敵する冷却水を海に流します。日本では放射能を環境に捨てる場合、敷地境界で濃度基準を守るように法令で決められています。原発の場合は、膨大な冷却水があるため、やすやすと法令の濃度限度以下に薄めて捨てることができます。

再処理工場は原発に比べてはるかに大量の放射能を捨てますが、原発のように膨大な冷却水がありませんので、放射能を薄めて流すことができません。そこで、国は再処理工場に限って敷地境界での濃度基準を適用しないことにしてしまったのです。六ヶ所再処理工場では、すでに書いたように沖合3キロメートル・深さ44メートルの海底まで汚染水を流すパイプを伸ばし、そこから勢いよく汚染水を流せば、海の表面まで上がってくる間に海の水で薄まるとして国が許可を出したのです。再処理工場とは、そうでもしなければ運転許可を出せないほど膨大な放射能を環境に放出します。それほど濃度の高い、人間にも環境にも毒物であることを証明しているのですが、これは考えてみると変な話です。危険であればあるほど、規制を強める。これが道理というものではないでしょうか。

人間や環境を守るよりコスト優先

六カ所再処理工場から放出される放射性物質のうち、住民に被曝を与える寄与が大きい放射性物質は、「クリプトン95」「トリチウム3」「炭素14」の3種類です。この3種類で被曝量の7割を占め、排気筒や排水口から放出されるのですが、「これらの核種はフィルターで取り除けないため捕捉ができず、環境に捨てる」と日本原燃が主張し、国もそれを認めました。しかし、実は現在の技術で捕捉できるのです。クリプトン95は同位体濃縮技術で濃縮して捕捉できます。トリチウム（三重水素）は、マイナス152度で冷やせば液化して捕捉できます。トリチウム（三重水素）は、同位体濃縮技術で濃縮すればいい。炭素14は水酸化ナトリウムと反応させれば固形化します。ただ、捕えることはできても、毒性を消すことはできません。これらの作業を行うためには、膨大な費用と電力が必要になることは事実です。

しかし、それを理由とするなら本末転倒の話でしょう。地域住民を被曝から守り、農作物、海産物を汚染から守るのが、国や電力会社（動燃）の最優先すべき責務のはずです。

原発と同じように、再処理工場にも耐用年数があります。原子力規制委員会は２０２０年、六カ所再処理工場の耐用年数を40年としました。その解体費用が12兆円かかると公表されています。ここでも莫大な費用が必要になるのですが、この解体自体、簡単ではありません。六カ所再処理工場が溜め込んだ「核のゴミ」を、どこに持っていくかすら決まっていません。再処理工場が、そのまま核のゴミの貯蔵施設となり、青森県はその溜まり場になる可能性も高いのです。

六ヶ所再処理工場のために、汚染水の海洋放出を強行

国の原子力（＝核）政策にとって、六カ所再処理工場はなくてはならぬ存在です。どのような事故を起こそうが、莫大なコストがかかろうが、地域住民の健康が損なわれ、農水産物に被害が及ぼうが、六カ所再処理工場を廃止してしまっては原子力政策が破綻に追い込まれます。

私は破綻することを心から望んでいますが、原子力マフィアはそんなことにならないよう、あの手この手を使って延命を図るはずです。

その象徴的な蛮行が、福島原発の放射能汚染水の海洋放出なのです。国や東電は、「汚染水を貯蔵するタンクがいっぱいになった」「トリチウムは薄めて放出するから安全」とか主張し

ていますが、本音はそこにあるのではありません。六ヶ所再処理工場から排出されるトリチウムはフィルターで捕捉できないことを理由に、海洋放出するしかないと国も東電も決めています。もし、福島原発の放射能汚染水を海洋放出してはいけないとなれば、はるかに大量のトリチウムを環境に捨てる計画の六ヶ所再処理工場の運転ができなくなります。安全性が担保されているかどうかなど初めから関係なく、海洋放出する以外の方策が国にはありません。全ては六ヶ所再処理工場を本格稼働させるためなのです。

原子力委員会の「原子力政策大綱」（2005年）に示された基本方針は、「我が国においては、核燃料資源を合理的に達成できる限りにおいて有効に利用することを目指して、安全性、核不拡散性、環境適合性を確保するとともに、経済性にも留意しつつ、使用済燃料を再処理し、回収されるプルトニウム、ウラン等を有効利用することを基本方針とする」とあります。その方針を踏まえて、「当面、プルサーマルを着実に推進することとする」としています。

2007年に発表された国の「エネルギー基本計画」では、「2010年からの六ヶ所MOX燃料加工工場の創業開始と、プルサーマルの実現を含む核燃料サイクルの確立に向けて政府一体となって取り組む」と宣言しています。

2011年の福島第一原発の事故、2024年元日の能登半島地震があっても、原発回帰の方針は変わる気配はありません。むしろ、六ヶ所再処理工場の本格稼働は原子力マフィアにとって喫緊の重要課題になってきました。

汚染水放出に反対することは、核兵器に反対すること

福島原発の汚染水放出を、単にそれが安全かどうかという問題に矮小化するのは、誤りです。原子力マフィアは福島原発の汚染水放出と、六ヶ所再処理工場の汚染水放出が結びつけられることを嫌がっているからです。

多くの反対がありながらも、汚染水の放出は続いています。２０２４年度は貯蔵タンク54基分に相当する計５万４６００トンを７回にわたって放出する予定です。トリチウムの放出総量は約14兆ベクレルに達しますが、東電もマスコミもそれを淡々と伝えるだけです。そのような膨大なトリチウムが、海の生態系と人間の健康にどのような弊害をもたらすか予想もつかないところが怖いのです。しかもこの放出は今後30年、40年と続くものです。幸い、さまざまな場所で、さまざまな人が、さまざまな形で原発廃絶、汚染水放出に反対する行動を起こしてくれています。ありがたく思います。

原発廃絶を願い、汚染水放出に反対する人たちは、日本という国が将来、核兵器を所有する危険性も知っているのでしょう。そして、原発の問題は単なる安全問題ではなく、差別の問題です。ご自分のまわりで見かけた差別、どんなに小さな差別にも心を配り、反対してくださるなら、いずれ原発と核兵器を地球上からなくすことにつながると、私は信じています。

第4章

原発と核兵器は繋がっている

社会のそこかしこに漂い始めた不穏な空気に、黙ってはいられない

松本駅前で始めたスタンディング

私は2015年7月18日、作家・澤地久枝さんの呼びかけを受け、米国に追随して憲法改悪や軍備増強を図る安倍晋三首相に対し、俳人の金子兜太(とうた)さんが書いてくれた「アベ政治を許さない」というポスターを掲げ、長野県JR松本駅前で、声を出さずにスタンディングを行ないました。その後、毎月3日にスタンディングをしようとの澤地さんの呼びかけがあり、それに応えてスタンディングを続けています。

最近では、「原発即刻全廃」「戦争行為一切禁止」「イスラエルは虐殺をやめろ!」などと書いたポスターを持っていますが、2024年3月で102回を数えることになりました。これは私自身の選択で、誰かに呼びかけるようなことをしていません。それでも私が駅前に行くと、いつも30人か40人の人が来てくれて、スタンディングに加わってくれるようになっています。その人たちは誰かに言われることもなく、それぞれご自分の思いを込めて参加されているのだと思います。本当にありがたいことです。

私は1949年生まれの戦後派ですが、戦争の責任を曖昧にしたまま、経済成長に邁進(まいしん)するこの国の政治と社会に違和感を覚えていました。そして福島第一原子力発電所(福島第一原発)事故以降、この国がますます「戦前に回帰」していくような気配に、私は危機感と嫌悪感を抱くようになったのです。

この国の社会には元来、少数派を差別し排除する風潮が色濃くあります。特に最近は権力におもねる人々が弱い立場の人々を見下し差別する、弱肉強食が当たり前の社会になってしまいました。その傾向が安倍晋三内閣以降、ますます強くなってきたように感じます。

どんな時でも、正論を曲げてはいけない

ある有名寺院の境内で開かれる地域の集まりに招かれたことがあるのですが、寺院側から主催者に対し、「小出が来るなら会場は貸せない。『原発』という言葉を使ってはいけない」と通告され、私は、「そんな要求に応じられない」と出席を辞退したことがあります。原発に反対するなど論外で、原発の話をすること自体も駄目だと言うのです。憲法改悪に反対する市民の集まりに、自治体が会場を貸さないという事例も頻発しています。憲法を守ろうとする至極真っ当な行為に後ろ指を指されるとは、何とも変な国になってしまったものです。

第1章で紹介した樋口英明・元福井地裁裁判長は、関西電力大飯(おおい)原発3・4号機の再稼働差し止め仮処分を求めた住民の申し立てを認める決定を出したあと、家庭裁判所へ異動になって

います。ご本人は何も語りませんが、第三者の私が、この人事に何らかの背景があると考えるのはごく自然なことでしょう。裁判官に限らず、政府に少しでも批判的なテレビ番組のキャスターやコメンテーターが降板させられるなど、物を言う少数派への圧力がさまざまな分野で強まっています。

今、日本には原発の再稼働はやむを得ない、軍事費倍増OK、日米安保条約を強化するみたいな空気が充満してきました。でも、本当に必要なことは戦争をなくすことですし、庶民の生活を守ることです。原発を即時廃絶する、自衛隊を非軍事化する、日米安保条約から「軍事」を取り払い、中国と締結したものと同様の「友好条約」に改組することこそ必要です。こんなことを言うと、「極論を吐くな」と非難する人も多いのですが、私は極論を主張しているつもりは毛頭ありません。日本国憲法に照らし合わせれば、実は極論でも何でもないからです。

批判を受け付けない尊大な政治家

自民党の政治家は国会内では野党議員に薄汚いヤジを飛ばすのに、自分がヤジを飛ばされるのは嫌がるようです。特にまわりに忖度（そんたく）人間を集めた安倍晋三という政治家は、市民から浴びせられるヤジが大嫌いでした。大好きな「自分様」に「下々の民」が罵声（ばせい）を浴びせるなど、何不自由なく育った世襲議員には我慢ならなかったのでしょう。このどうしようもない「裸の王様」が、２０１９年に行われた参議院選挙の応援に北海道を訪れた時のことです。

安倍首相が演説する街宣車のまわりには「安倍総理を支持します」というプラカードを掲げ、国旗を振る人たちがガード役のように埋め尽くしていました。何やら不気味で滑稽な雰囲気でしたが、内容のない言葉を並べ立てる演説の途中に、「安倍やめろ！」「帰れ、安倍帰れ」「増税反対」というヤジが飛びました。その途端、多数の警察官が駆け寄り、30代の男性と20代の女性をその場から排除したのです。

その模様をインターネットの映像で見た私は、お二人が排除に懸命に抵抗する姿に、思わず「頑張れ」と声をかけてしまいました。

お二人は仲間というわけではなく、それぞれ別々に声をあげていたのですが、多勢に無勢です。頑強な警察官相手では敵う（かな）はずもありません。それでもお二人は、法的根拠のない「連行」に強い抗議を続けました。

この排除事件については当時、新聞に小さな記事として掲載されたと記憶していますが、お二人はその後、北海道（北海道警）に対し、表現の自由を奪われたとして損害賠償を求める裁判を起こしました。これには、ちょっとした裏話があります。この排除事件のドキュメントをテレビで放送するとともに、映画「ヤジと民主主義　劇場拡大版」の監督で、北海道放送記者の山崎裕侍（ゆうじ）さんによれば、この排除を違法だと考える何人かの弁護士が事務所の枠を超えて連携し、お二人に損害賠償を求める裁判を起こすことをすすめたそうです。

お二人の訴えに対し札幌地裁は2022年3月、「政治批判の機会を無理やり奪われた表現の自由の侵害で、違法と言わざるを得ない」として、北海道に88万円の支払いを命じました。しかし、道が控訴した結果、札幌高裁ではこの判決が一部ひっくり返ることになります。

権力者への忖度ばかりでは、正義も倫理も失われてしまう

ヤジ強制排除事件について、もう少し考えてみたいと思います。

福島第一原発事故のような「超大事件」と比べると、このヤジ排除は「小事件」かもしれませんが、この国のさまざまな現状を鋭く抉(えぐ)り出しているように見えるからです。このヤジ強制排除事件は、原発を決してやめようとしない国、原子力マフィアの原発利権への飽くなき追求や「戦争ができる国へ」という企みと、見事なほど根底で繋がっています。

私は声を出さずにスタンディングをしていますが、街頭で市民が政治家にヤジを飛ばすことも、声をあげてデモ行進することも強く支持します。市民が政治や政治家に声をあげるのは、それが「支持」であろうと「糾弾」であろうと民主主義国家の主権者としての権利で、ひとつの政治参加であり、民主主義の基本というものです。

国を批判するのは、国民の義務でもあり、警察が介入するなどもっての他です。選挙だけではなく、それぞれの個人が、それぞれの方法で声をあげてこそ民主主義です。ヤジひとつあげられない社会になっては困ります。困るどころか、いずれ私たち自身の腕を警察官がつかみ出すようになるかもしれません。

安倍首相の街頭演説には、地元北海道だけでなく全国紙や全国ネットのテレビの支局の記者やカメラマンも取材のため集まっていました。その目の前で、警察は何ら法的根拠のない「排除」を強行したのです。取材陣がいようが、そんなものは関係ないといった風情です。「どっちみち、ちゃんとした批判報道などしない、できっこない」と高をくっているのかもしれません。マスコミがここまで舐められてしまっていることに、私は本当に悲しくなります。安倍内閣で数多くの警察官僚が抜擢されたことも、警察官の行動に影響しているのでしょう。

裁判の審理を通じて、北海道警は面白いものを証拠として提出しました。なんと、ヤフーに掲載された、「ヤジは選挙妨害」と誰が書いたか分からないようなコメントを提出したというのです。私は思わず耳を疑いました。そんなものにすがりつくほど、強制連行の法的根拠は乏しかったのでしょう。

もうひとつ、私が呆れたことがあります。これは札幌地裁の判決文でも指摘しているのですが、北海道警察の安倍晋三首相に対する、みっともないほどの忖度ぶりです。「安倍首相にヤジを飛ばすなんて、許さない」ということなのでしょうが、警察がそんなことを考える必要はありません。考えるようになったら危険なのです。

そのうち、原発に反対する人々が「原発などいらない」というプラカードを掲げてデモでもしたら、何かを口実に「逮捕！」される恐れもあるのではないかと、私は本気で心配していま
す。市民のデモや労働者のストライキについて、社会の視線が冷たくなっていることが、私に

は心配でなりません。

札幌高裁の判決は、この国の司法や警察が堕落している現実を改めて、しっかりと教えてくれました。

一部逆転判決は、わずか1分の「主文」のみで終了

２０２３年6月22日、札幌高裁の大竹優子裁判長は、「被控訴人１（男性）の請求を棄却する」「控訴人（北海道）の被控訴人２（女性）に対する控訴を棄却する」という判決を下しました。つまり男性の排除は適法、女性の排除は違法と判断したのです。この判決を原告と弁護団は一部不当としていますが、私も同じ考えです。

この判決について朝日新聞編集委員の高橋純子さんは、「多事奏論」（２０２３年7月29日朝刊）というコーナーで、その時のことを記しています。「15時開廷。大竹優子裁判長が主文のみ読み上げて閉廷。所要1分」。

高橋さんもこの欄で書いていますが、一審判決を一部ひっくり返す以上、それなりの説明をするのは裁判官として人間としてのマナーでしょう。この国の裁判官は人間としての基本的なマナー、倫理、常識とかけ離れた判決を出すことに慣れてしまっているようです。これは住民が訴える原発裁判でも似たような傾向があります。

逆転判決の内容を詳しく説明することができないほど、政府や警察に忖度した判決だったと

いうことでしょう。裁判官として恥ずかしく思うべきことだと思います。

忖度と差別は、表裏一体の関係にある

このような忖度を、甘く見ないでほしいと思います。国やテレビ局、大手芸能プロダクションに忖度する時、そこには必ず弱い立場にいる人への差別が生まれるからです。安倍首相の発言に忖度した財務省が、辻褄を合わせるため一人の官僚に公文書の改ざんを命じた事件がありました。公僕意識の強いその官僚は、それを苦として自死するという悲しい結末になりましたが、ここには上が下を支配する階層的差別が色濃く反映されているように思います。

私も参加した伊方原発（愛媛県）訴訟では、住民を支援するために全国から科学者、原子力専門家が集まり、国側の御用学者と激しい論戦が繰り広げられました。誰の目にも、住民側の圧勝であることが明らかでした。

当時の裁判長は住民側の主張に真摯（しんし）に耳を傾けていたので、私たちもわずかですが、「勝てるのではないか」という希望を抱きました。ところがその判決の直前になって、この裁判長が異動してしまったのです。そして一度もこの裁判に立ち会ったことのない裁判長が、箸にも棒にもかからないような判決を下したのです。あれこれ法律用語を並べ立てていましたが、要旨は以下のようなことです。

「原子力発電所の安全性というのは、極めて高度の問題なのであって、裁判所の判断になじま

ない」

「言ってみれば門前払い、国の主張に尻尾を振った判決でした。この国の裁判官は沖縄県の辺野古移駐問題、埋め立て問題でも常に国の言いなりです。なぜ、法律家として憲法に基づいた判断をしないのでしょう。残念ですが、一部の良心的な裁判官を除き、裁判官が身に纏(まと)う法衣には、もはや威厳も権威もなくなりました。

裁判所が地方裁判所、高等裁判所、最高裁判所と上にいけばいくほど、判決内容が国の言いなりになっていくのが今の司法です。裁判官は3年くらいで任地が変わるなど典型的な「転勤族」で、家族の負担も大変だと聞いています。その生活感を、裁判や判決に反映されることこそ希望しますが、多くの裁判官は自己保身にしか関心がありません。

よく、無知が差別を生み出すと言われますが、私は違うと思います。支配者（強者）が政治的・経済的な利益を得るために、意図的に差別政策を実施しているのです。残念ながら、それに乗せられる人も少なくありませんが、原発立地における差別政策を見れば、その悪辣さが理解できます。

小さな人権侵害を見逃していると、戦争という大きな悪を許すことになる

ヤジで強制連行されるのは、いつか「私」になるかも知れない

「ヤジと民主主義　劇場拡大版」を監督した山崎裕侍さんが、ネットの番組（SUPER DOMMUNE　2023年12月7日）に出演した映像があります。この作品を手がけた動機として山崎さんは、「小さな人権侵害が大きな人権侵害につながるから、不当なヤジ排除を見逃せなかった」と語ります。ナチスによるユダヤ人大虐殺の始まりは、障害のある人や病弱な人に対する強制断種にあると指摘し、ドイツ福音主義教会の牧師、マルチン・ニーメラー（1892～1984年）のことを紹介しました。

ニーメラーの名前が出たことで私は、山崎さんがこの映画で訴えたいことがよく理解できました。人権侵害が連なり、それを見逃していると、最後に戦争につながることは、日本という国の戦前の歴史がまざまざと物語っています。それは、ナチスを生み出したドイツでも事情は同じです。

ニーメラーは第一次世界戦争時に、Uボート（潜水艦）の艦長として活躍した軍人です。世

界戦争後に牧師になりますが、キリスト教会の中には「ドイツ・キリスト者」など、ナチスに迎合する勢力が生まれました。ニーメラーはそれに与(くみ)せず、ヒトラーの教会政策に抗して1933年、「牧師緊急同盟」を結成してドイツ教会闘争を指導しました。でも、1937年7月に捕らわれ、ナチス・ドイツの敗戦までダハウの強制収容所で、明日の命も知れない日々を過ごすことになります。

何とか生きながらえたニーメラーは戦後間もなく、妻とともにダハウの強制収容所を訪れ、その時のことを次のように書き残しています。少し長いですが、紹介します。その言葉は、鋭い矢のように私の胸に突き刺さりました。原発を廃絶させ、「戦争のできる国」には絶対にさせないという勇気を、改めて与えてくれた言葉だからです。

無関心でいること、声をあげないことが人を苦しめる

ニーメラーは、次のように書いています。(『荒れ野の40年　ヴァイツゼッカー大統領　ドイツ終戦40周年記念演説』岩波ブックレット)

「その建物(死体焼却炉)の前に1本の木が立っていて、そこに白く塗った板がかけてあり、黒い字で何やら書いてありました。この板はダハウで生き残り、最後にアメリカ兵によって発見・救出された囚人たちの、いわば最後の挨拶のようなものだったのです。つまり、彼らが、先に死んでいった仲間のために書いた挨拶です。こう読めました。『1933年から1945

年までの間に、23万8765名の人々がここで焼かれた』。それを読んだとき、妻が失神しそうになってわたしの腕に中に沈み、ガタガタ震えているのにわたしは気がつきました。わたしは彼女を支えてやらなければなりませんでしたが、同時に冷雨のようなものが、わたしの背筋を走るのを覚えました。妻の気分が悪くなったのは、24万人近くという数字を読んだためだと思います。この数字は、わたしにはどうということはなかった。わたしはもう知っていましたから。

そのときわたしを冷たく戦慄させたものはいくらか別のこと、つまり『1933年から1945年まで』という2つの数字だったのです。……1937年の7月1日から1945年の半ばまでは、わたしにはアリバイがあります（注・その間 彼は捕えられていた）。しかし、そこには『1933年から』と書いてある。……1937年の半ばから戦争の終わりまでは、お前にはなるほどアリバイがある。だが、お前は問われているのだ。『1933年から37年の7月まで、お前はどこにいたのか？』と。そしてわたしは、この問からもう逃れることはできませんでした。1933年には、私は自由な人間だったのです……」

実に誠実な自己批判、キリスト教的には懺悔（ざんげ）と言えるでしょう。

社会を歪める動きには、最初の「ノー」が大切

私は、原子力に夢を抱いた者として、そして原発の危険性を知った者の責任として反原発・

原発即時廃絶の声をあげ続けてきました。

人間はいつ命がなくなるか分からない存在ですから、「1年後に声をあげよう」では間に合わないかもしれない。私は自分の5年後、10年後、20年後のことなど考えたこともありません。しかし、子どもたちの未来に原発を残すことがないよう、残りの人生をかけて責任を果たすつもりで今日を生きています。

再び、ニーメラーの言葉を紹介しましょう。

「ナチスがコミュニスト（共産主義者）を弾圧したとき、私はとても不安だった。が、コミュニストではなかったから、何の行動も私は行わなかった。その次、ナチスはソシアリスト（社会主義者）を弾圧した。私はソシアリストではないので、何の抗議もしなかった。それから、ナチスは学生・新聞・ユダヤ人と順次弾圧の輪を広げて行き、その度に私の不安は増大した。が、それでも私は行動しなかった。ある日、ついにナチスは教会を弾圧して来た。そして私が牧師だった。が、もうそのときはすべてがあまりにも遅すぎた」

「ナチスに責任を押しつけるだけでは十分ではない。教会も自らの罪を告白しなければなりません。もし教会が、本当に信仰に生きるキリスト者から成り立っていたならば、ナチスはあれほどの不正を行うことができたでしょうか」

戦争のできる国へ。社会に漂うこの不穏な動きは、もはや他人事ではなく「自分事」です。

では、戦争をさせない国にするには、どうすればいいのでしょうか。

いろいろな方法はあるでしょう。選挙で政権交代を目指すのもひとつの方法です。私の場合は原子力専門家として、六ヶ所再処理工場が要となる核燃料サイクルを断ち切らせ、原発を廃絶させることによって、この国から「戦争の手段」を奪うことに力を注ぎたいと考えています。社会全体が「戦争ができる国」になびきつつある今、少数かもしれませんが、「平和を作る」ために立ち上がっている人が全国各地にいます。私もその列のどこかに加わるつもりです。

原子力マフィアは、原子力政策の「命綱」である六ヶ所再処理工場を必ず本格稼働（稼動）させようとするでしょう。これは原発を廃絶させ、「新しい平和の国」を目指す人たちにとっても、再処理工場を稼働させないことが「命綱」になるということです。稼働させないためには、再処理工場がどれほど危険なものであるか、破局的な事故が起きれば青森県だけでなく、北海道から中部地方までがほぼ間違いなく汚染され、最悪の場合は北半球の「人々が生きるための環境」まで全滅させる恐れさえあることを、科学的所見に基づきながら粘り強く主張していくしかありません。

六ヶ所再処理工場は、この国の原子力政策を左右する存在

再処理とは使用済み核燃料から、プルトニウムを取り出すこと

核燃料サイクル（第3章　図6参照）の「使用済み核燃料の再処理」には、六カ所再処理工場（再処理工場）が中核的な役割を果たすことになります。

原子炉の炉心に挿入された燃料は3～4年燃やすと、当初3～5パーセントあったウラン235の濃度が1パーセントほどになり、その役割を終えます。

その使用済み燃料中には①燃え残りのウラン②「死の灰」と呼ばれる核分裂生成物③新たに生まれたプルトニウムが渾然一体となって含まれています。再処理工場ではこの3つを化学的に分離する作業を行いますが、唯一の目的は長崎原爆の原料となったプルトニウム239を取り出すことです。

それまでプルトニウムは、曲がりなりにもジルコニウムの被覆管で覆われた燃料棒に閉じ込められ、ペレットという瀬戸物に閉じ込められていました。再処理工場ではこの燃料棒を3～5センチに細かく切り裂き、硝酸に溶かした上で化学的にウランとプルトニウム239を分離

する作業を行います。環境に放出する放射能の量はきわめて大量で、再処理工場が稼働すれば、1基の原発が1年で放出する放射能を1日で放出すると言われているほどです。

プルトニムは精製装置で不純物が取り除かれ、最終的に燃料加工工場で二酸化プルトニウムと二酸化ウランを混ぜてプルトニウム濃度を4～9パーセントに高めた「MOX燃料」が製造されることになります。これが「プルサーマル」の原料となるわけです（図1＝200ページ）。

プルサーマル原発を12基に増やす危険な計画

現在、プルサーマル原発を運転しているのは関西電力高浜発電所（3号機、4号機）、四国電力伊方発電所（3号機）、九州電力玄海原子力発電所（3号機）の4機ですが、大手電力会社10社で構成する電気事業連合会は2020年、「プルサーマル原発を2030年までに12基に増やす」方針を明らかにしています。この12基は、再稼働を予定する原発に全て含まれています。再処理工場は1997年に完成予定でしたが、図2（201ページ）のように事故やトラブル、虚偽報告、審査申請書の不備などが頻発したため2024年4月現在、稼働に至っていません。これまで完成延期は26回（26回目は2022年9月）に至っていますが、2024年には、27回目の延期になるのが必至の状況です。

これだけ延期すれば、コストが嵩むのも当然です。当初の建設費用は7600億円でしたが、

２０２３年現在、14兆７０００億円に達したと「使用済燃料再処理機構」が発表しました。目玉が飛び出すほどの金額で、当初予定額からの何と20倍増になることには思わずのけぞりそうになります。しかし、国はびくともしません。なぜなら、「電気料金に上乗せして国民に負担させればいい」からです。

　現在のところ稼働には至ってはいませんが、すでに全国の原発から使用済み核燃料３０００トンが運び込まれ、貯蔵プールに保管されています。しかしその貯蔵プールも満杯状態で、２０１６年11月以降は受け入れを停止しています。貯蔵プールで燃料棒を冷やしているのですが、万一にも冷却に失敗して３０００トンの使用済み核燃料が熔融することになれば、福島第一原発事故以上の大惨事になります。その被害規模は北半球に人が住

図1. プルサーマルとは

●原子力発電所で使用した使用済み燃料中には有用成分（プルトニウム、ウラン）が含まれている。
●有用成分のうちプルトニウムを分離・抽出・加工して、再度、原子力発電所（軽水炉）で利用することをプルサーマルと言う。

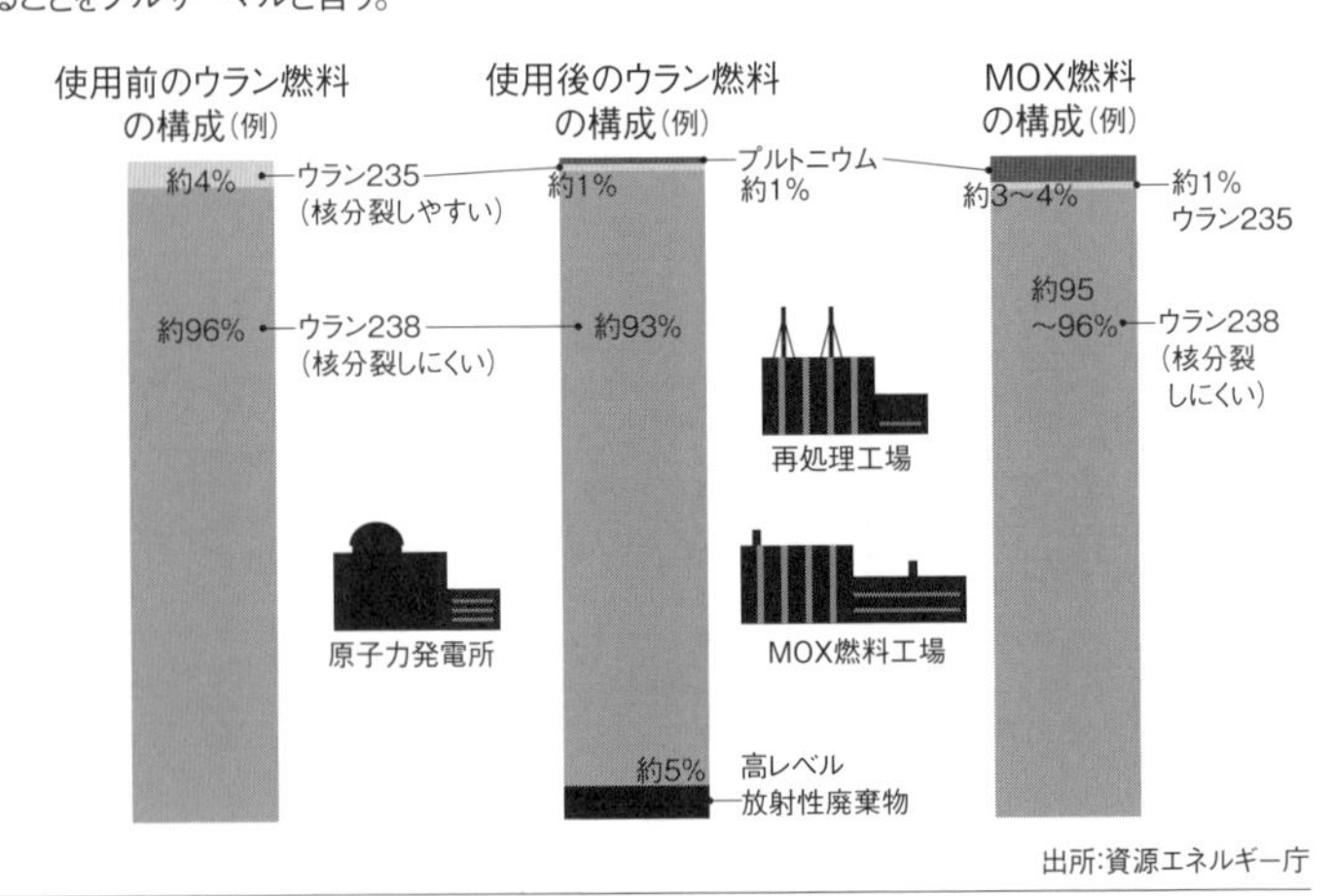

めなくなるほど、破滅的な事態に陥るかもしれないとさえ予測されているのです。

核燃サイクルの中核は、六ヶ所再処理工場

六ヶ所再処理工場が稼働すれば、1年間に使用済み燃料800トンを処理する計画です。原発の燃料となるのがウランですが、燃えないウラン238が全体の99・3％を占め、利用できるウラン235はわずか0・7％にすぎません。しかも**図3**（202ページ）のように、ウランの埋蔵量は発生できるエネルギー量に換算して石油の数分の1、石油の数十分の1しかなく、近い将来に枯渇することは確実です。

ウランを燃料とする原発は、そのうち稼働させることが難しくなる宿命にあります。そ

図2. トラブル続きの六ヶ所再処理工場

1993年 4月	日本原燃が建設工事を開始 （当初の完成予定は1997年だったが、未だに完成・稼働はしていない）
2001年 8月	使用済み燃料貯蔵プール漏水
2006年 3月	アクティブ試験（試運転）開始。工場全体が放射能で汚染
2008年10月	ガラス溶融炉に白金族が固着
12月	ガラス溶融炉の天井のレンガが脱落
2009年 1月	高レベル廃液150ℓが漏洩
2014年 1月	原燃が原子力規制委員会（規制委）に審査を申請
2015年 8月	落雷で工場の主要建屋の計器が破損
2016年10月	「使用済燃料再処理機構」（経済産業省の認可法人）が発足
12月	ウラン濃縮工場で虚偽報告が発覚
2017年 8月	非常用電源がある建屋に雨水流入
2020年 7月	規制委の新規制基準に、再処理工場が「合格」の判断
8月	原燃が完成時期の延長を発表。25回目の延期
2021年 6月	事業費が14兆4000億円になると発表

出所：ふくしまミエルカPROJECTのデータをもとに作成

こで原子力マフィアは、「非分裂性のウランをプルトニウムに変えて利用すれば、資源量が60倍になる」と主張し、再処理工場を中核とした原子力政策を推し進めてきました。つまり、六ヶ所再処理工場が稼働しないと、彼らの原子力政策が破綻してしまうため、原子力マフィアは何としても稼働を強行するしかありません。

核燃料サイクルには本来、高速増殖炉「もんじゅ」が含まれていました。簡単に言えば燃えないウラン238を、燃えるウラン239に変える装置です。使用済み核燃料を再処理して活用でき、発電で消費した以上の燃料（プルトニウム）を生み出せるので、「ウラン資源の利用効率は60倍になる」と宣伝されてきました。しかし、高速増殖炉には決定的な欠陥があります。冷却剤に使われる液体

図3. 原子力燃料 ウランの埋蔵量は貧弱

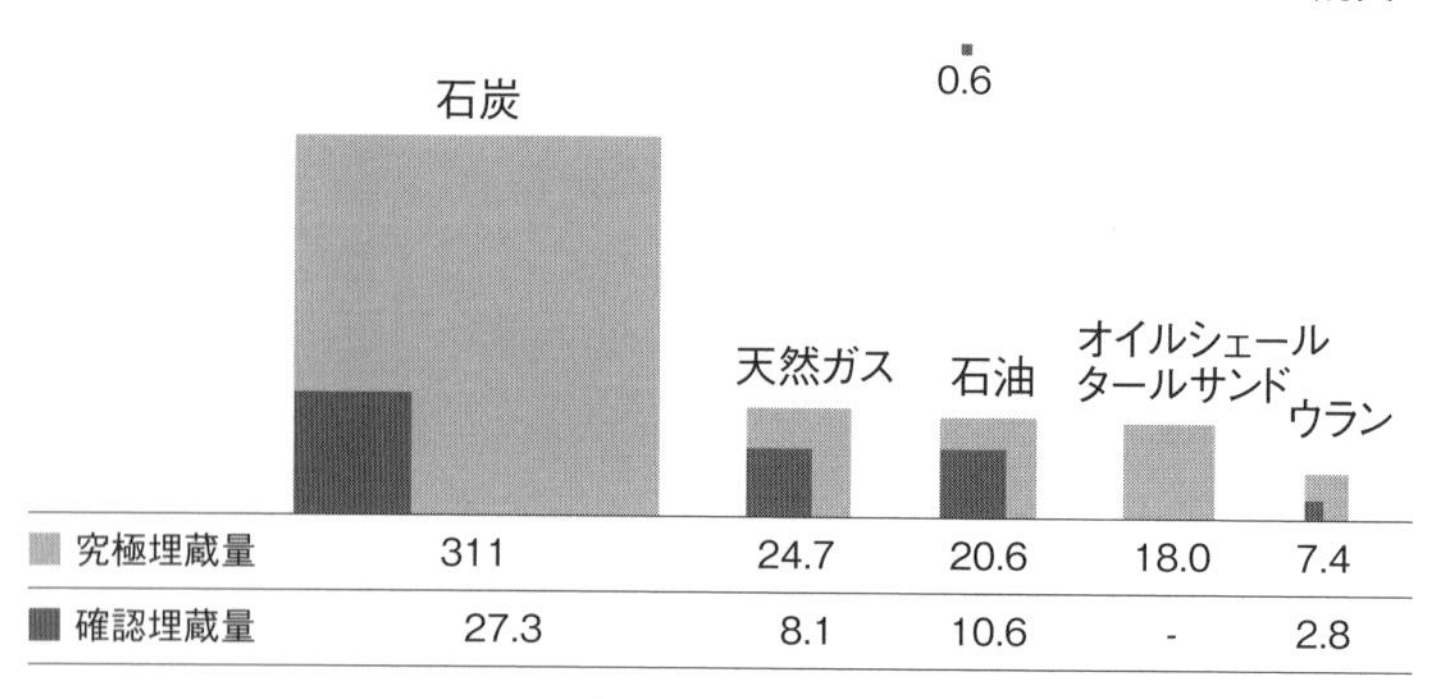

	石炭	天然ガス	石油	オイルシェール タールサンド	ウラン
究極埋蔵量	311	24.7	20.6	18.0	7.4
確認埋蔵量	27.3	8.1	10.6	-	2.8

再生不能エネルギー資源の埋蔵量

数字の単位は1×10^{12}J

ナトリウムは厄介な物質で、水に触れると爆発し、空気に接触すると発火して火事の原因になります。これを「もんじゅ」の原子炉では1000トンも使ったというのですから、正気の沙汰ではありません。実際、液体ナトリウムによる火災事故が何度も起きています。しかも、「もんじゅ」が立地していた敦賀半島直下には、活断層が走っているとも疑われています。そんな危険物が廃炉になったのは、非常によかったと思います。

高速増殖炉「もんじゅ」の廃炉は、核燃サイクル破綻の象徴

私は計画当初の1980年代から「もんじゅ」の建設に反対していたのですが、国は計画を強行してきました。しかし、事故が頻発して実用化の目処が立たず、ついに2016年、廃炉に追い込まれました。何という無駄な時間と労力を費やしたのでしょう。初めから無理難題の計画に対し、国は何と1兆円を超える予算（税金）を投入するという馬鹿げたことをやってしまったのです。

国や原子力マフィアが大きな期待を寄せていた高速増殖炉が挫折したので、ウランではなくプルトニウムを燃料とするという謳(うた)い文句の「核燃料サイクル」はすでに破綻しました。そのため、プルトニウムを取り出す再処理工場も本来ならすでに不要になっています。でも、原子力マフィアにとってはそれを認めてしまえば、原子力が必要だという理由自体が消えてしまいます。その上、六ヶ所再処理工場が稼働しなければ、全国の原発から出る核のゴミの搬出先が

なくなり、原発の稼働が不可能になる恐れさえあるのです。原爆の材料になるプルトニウムも生産できなくなります。原子力マフィアは何としても、再処理の延命にしがみつこうとします。

それを裏付ける大きな動きのひとつこそ、福島第一原発事故汚染水の海洋放出なのです。再処理工場が稼働すれば、はるかに膨大な汚染水を太平洋に放出しなければなりません。そこで海洋放出という前例を作っておくことが、どうしても必要でした。処理水が汚染水であることを、原子力マフィアはもちろん知っています。彼らがウソ八百を並べ立てて海洋放出を強行したのは、初めから計画されていたことなのです。

二つの活断層が、六ヶ所再処理工場の地下に走っている!

能登半島地震では、半島の北側の広い範囲で国内の観測史上、最大4メートル規模の隆起が起こったとされています。日本地理学会によると北側の海岸線が90キロという範囲で、隆起が起こったそうです。そのため海岸線が最大240メートルも沖側に移動し、漁船が砂浜に打ち上げられている映像が報じられてきました。自然が持つ凄まじいほどのパワーをまざまざと見せつけられました。

数千年に一度くらいの変動だそうですが、現在の科学ではそれを事前に予測する術がありません。「自然災害は忘れた頃にやってくる」と言いますが、「自然災害を忘れたからやってくる」という格言もあります。私たちはこのような不安定な地盤の上で人生を送っているのです。

輪島市、珠洲市、志賀町などの19漁港も壊滅的な被害を受け、ある高齢の漁業者は港内の水深が1・5メートルほどになって漁船が動けなくなった惨状を見て、「もう廃業するしかない」と深いため息をついていました。こんな時こそ、国や県が無制限の支援を行うべきだと思います。

活断層だけが地震の原因ではありませんが、六ヶ所再処理工場のほぼ真ん中にも活断層が走っていることは知っておく必要があります（図4）。

『「最悪」の核施設　六ヶ所再処理工場』（集英社新書）の共著者である渡辺満久さんたちによれば、以下のように2つの大きな活断層があると指摘しています。

①大陸棚外縁断層　工場の沖合約10キロメートルの海域に、南北80〜100キロに及

図4. 下北半島周辺の活断層と六ヶ所再処理工場

出所:原子力資料情報室
（渡辺2016の図1をもとに改変）

ぶ海底大断層があります。南に下るにつれて分岐し、再処理工場直近の陸地に食い込んでいます。地理の専門家はこれを活断層としていますが、再処理工場を運営する日本原燃（原燃）は、安全設計上考慮する必要のない断層と主張しています。ここに原燃の間違い、あるいはごまかしがあると私は思っています。活断層か断層かという議論は脇に置いて、断層が動くかもしれないという最悪の場合を想定して対策を講じるべきなのです。専門家に言わせると、大陸棚外縁断層が動いた場合には、マグニチュード8を超える大地震が起こる危険性があるとされています。

原子力マフィアの活断層に対する評価は、「活断層として認めたくない」、活断層として認めざるを得ない場合は、「断層長をできるだけ短く見せたい」というもので、これは志賀原発、柏崎刈羽原発の活断層でも同じです。活断層は長くなればなるほど、地震の規模も大きくなることを知っているからでしょうが、「活断層かどうか分からないから活断層ではない」というとんでもなく危険な屁理屈を、まだ押し通そうとしているのです。

②六ヶ所断層　再処理工場の太平洋沿岸には南北約15キロにわたり、地層が海側に傾斜する撓曲（とうきょく）があります。地層の堆積物調査から12～13万年前以降に活動した形跡があり、渡辺さんをはじめとする専門家は活断層と断言します。仮にここが動くような地震が起きた場合、再処理工場の施設に破滅的な被害が及ぶとも指摘しています。

六ヶ所再処理工場の破局的事故は、日本だけでなく、北半球の環境を壊滅させる

地震と津波、放射能汚染の脅威は「仮想現実」ではない

六ヶ所再処理工場は標高55メートルの台地に立っていますが、海岸沿いにあるのは他の原発と変わりません。専門家によると、地震によって千島海溝・日本海溝を起源とする大津波が起きる可能性があるとしています。青森県下北半島には過去、5回の巨大津波が襲いかかった形跡があるそうです。

地震や津波をきっかけにした破局的事故では、もちろん広範囲の地域が放射能汚染に晒(さら)されます。それを検証する前に、通常運転時に再処理工場から放出が予定されている主な放射性物質と放出量を図5（208ページ）に示しました。気体の放射能の寄与が圧倒的で、中でもクリプトン85（kr-85）、トリチウム（H-3）、炭素14（C-14）の3核種だけで7割を占めます。いずれも危険な核質が日常的に排出され、周辺に生活する人々や現場の作業員を汚染し続けるのです。

万一、破局的な事故が起きた時には、どんな事態に陥るのでしょうか。

『「最悪」の核施設　六ヶ所再処理工場』で、原発問題に詳しいライターの明石昇二郎さんが分かりやすいシミュレーションをまとめてくれています。臨場感あふれる描写には、思わず背筋が凍るほどです。臨場感あふれる描写は明石さんの功績ですが、事故のシミュレーションを行ったのは私です。詳しくは同書をぜひお読みいただければと思いますが、ここでは、私が明石さんの描写の一部をアレンジしながらシミュレーション要旨（ダイジェスト）をお伝えします。ただし、基本的に2012年段階のデータを基にした内容になっていることをお断りしておきます。

それは遠い未来ではなく、明日の物語になるかも知れない

某年某月某日、「東北巨大地震」が発生し

図5. 再処理工場と原発の管理目標値比較（1兆ベクレル/年）

	放射能の種類		大飯原発	六ヶ所再処理工場	ラ・アアーグ・再処理工場（仏）	
			目標値	目標値	規制値	実績値
気体	希ガス・クリプトン85		925	330000	470000	263
	ヨウ素129			0.011	0.02	0.0521
	ヨウ素131		0.025	0.017	0.02	0.0521
	炭素14			52	28	173
	トリチウム			1900	150	71.3
	その他	α線を放出する核種		0.00033	0.00001	0.00000185
		α線を放出しない核種		0.094	0.074	0.000143
液体	トリチウム以外		0.035	0.4		
	トリチウム			18000	18500	13900
	ヨウ素129			0.043	26	1.4
	ヨウ素131			0.17	26	1.4
	その他	α線を放出する核種		0.0038	0.1	0.0174
		α線を放出しない核種		0.21	94	23.4

出所:GreenPeace http://www.greenpeace.or.jp/campaign/plutonium/rokkasho/20021122_shiryo_html
原子力安全・保安院核燃料サイクル規制課、http://www.atomnavi/jp/uketsuke/qa10_41_030245.html
反原発新聞第332号（2005年11月20日）などの資料から作成
（放棄すべき六ヶ所再処理工場　京都大学原子炉実験所小出章より）

ました。震源域は青森県八戸(はちのへ)市周辺です。マグニチュード9規模、最大震度7の激震でした。八戸市内には火災が広がり、そこに大津波が襲いかかります。八戸市沿岸には8メートル、三沢市には10メートルの津波が押し寄せ、標高55メートルに建つ六ヶ所再処理工場の大部分も、沢沿いに遡上(そじょう)する津波に巻き込まれました。これは想定外のことでした。標高があるだけに、再処理工場は津波対策というものをしていなかったことが致命的な失策になりました。明石さんは10メートルの津波が20メートル規模になって再処理工場に到達すると予測しています。

工場付近も震度7を記録し、所内の各施設も倒壊など甚大な被災を受けていました。施設は450ガルの地震動に耐えられる設計になっていましたが、東北巨大地震では、阪神・淡路大震災と同規模の830ガルに地震動を記録したこともあり、施設の建物はひとたまりもありませんでした。そこに津波が襲いかかったのです。

これは、福島第一原発事故と非常によく似た状況です。大地震によって外部からの電源は全喪失（ブラックアウト）しており、津波によって非常電源設備も壊滅していました。再処理工場直下の活断層が動いたことで3000トンの使用済み核燃料を保管するプールが損壊、冷却用の水が流出する事態に陥ります。剥き出しになった使用済み核燃料は、水がなくなったことで熔融が始まりました。メルトダウンです。原発と再処理工場の危険性を訴え続けてきた一部の専門家以外、こんな事態は想定外のことでした。

結局、プールに貯蔵されていた使用済み核燃料は、半日に10パーセント（300トン）の割合で熔融していき、そのたびに希ガスは全量、環境に放出されることになります。しかし猛烈な放射能のため、誰も事故現場に近づくことができません。無為無策のまま、放射能は環境に放出されていくことになったのです。

最悪の場合、事故から7日後に27万人が死亡する

当日の天候は大気安定度D型（雲の多いうっとうしい空模様）で、風速は4メートル／秒）、事故後1週間で住民は避難する、放出の高さは地上10メートル、放出が起きる面積は1000平方メートルと仮定されています。

原発で大事故が起きた場合の被害を、「熊取六人組」の一人であった瀬尾健さん（故人）が「原発事故災害評価プログラム」としてまとめています。そのプログラムは私が管理しており、それを再処理工場にあてはめられるように書き換えて試算した結果、「事故発生から7日後に、再処理工場事故による汚染地域からの避難を実施した場合、合計で27万人ががんで死亡する」という結果が出ました。ここでは風の向きなど細かいデータは省略しましたが、まさに破局的と言うべき被害です。

放射能の被曝には、風向きが大きく影響します。福島第一原発事故でも、偏西風の影響で放射能の84パーセントは太平洋に流れ、16パーセントが地上に降り注ぎました。それでも福島県の東半分を中心に栃木県と群馬県の北半分、宮城県北・南部、茨城県の北・南部、千葉県の北部、

岩手県、新潟県、東京都の一部までが、「放射線管理区域」の基準を超えて汚染されたのです。

再処理工場事故の発生時、北北東から風が吹いていた場合には最大級の被害が予想されます。放射能は風に乗って、東京をはじめとする首都圏の人口密集地域にも降り注ぐからです。避難しない人、できない人がいる場合、さらに死者数が増加することになります。放射線管理区域は首都圏から西日本にかけて1100キロ先まで及ぶというのですから、避難する場所もなくなり、この国は壊滅的な被害に晒されることになります。

再処理工場の周辺地域にも、甚大な被害が及ぶ

青森県六ヶ所村には、「核燃料サイクル施設交付金」として240億円（2011～2022年度＝六ヶ所村ホームページ）以上が国から交付されています。これは万一の際の補償金の前払いみたいなもので、もちろん六ヶ所村民には受け取る権利があります。交付金に加え、電気事業連合会や東京電力から六ヶ所村に、億単位の寄付金が支払われています。

六ヶ所再処理工場の破局的な事故は、六ヶ所村だけでなく青森市を含む半径60キロメートルの地域に大きな被害が及びます。がんによる死亡者数は図6（212ページ）のように、悲惨なものになります。いくら膨大な交付金や寄付金をもらったとしても、六ヶ所村民や青森県民の生活が壊され、いのちが奪われてしまっては何にもなりません。

明石さんの描くシミュレーションでは、再処理工場に火災が発生し、水素爆発や水蒸気爆発

による建屋のさらなる崩壊を防ぐため、放射能を人為的に環境に放出する「ベント」オペレーション（作戦）が実行されたとしています。火災による高熱にさらされた放射能は放出後、再処理工場の上空であっという間に凝縮して「放射能雲」になり、風に乗って移動していきます。雲は猛烈な放射線を放ってい て、この移動を防ぐことはもはや不可能でした。

このような破局的事故は、地震や津波によるものだけではありません。再処理工場自体が起こすトラブルや事故にも、目を向ける必要があります。すでに再処理工場を稼働させている英国、フランス、米国などでも臨界事故や爆発事故、火災事故、環境汚染事故が数多く発生しています。大事故には至りませんでしたが、破局的事故と紙一重のリスクがあ

図6. がんによる予想死者数（主な市町村別）

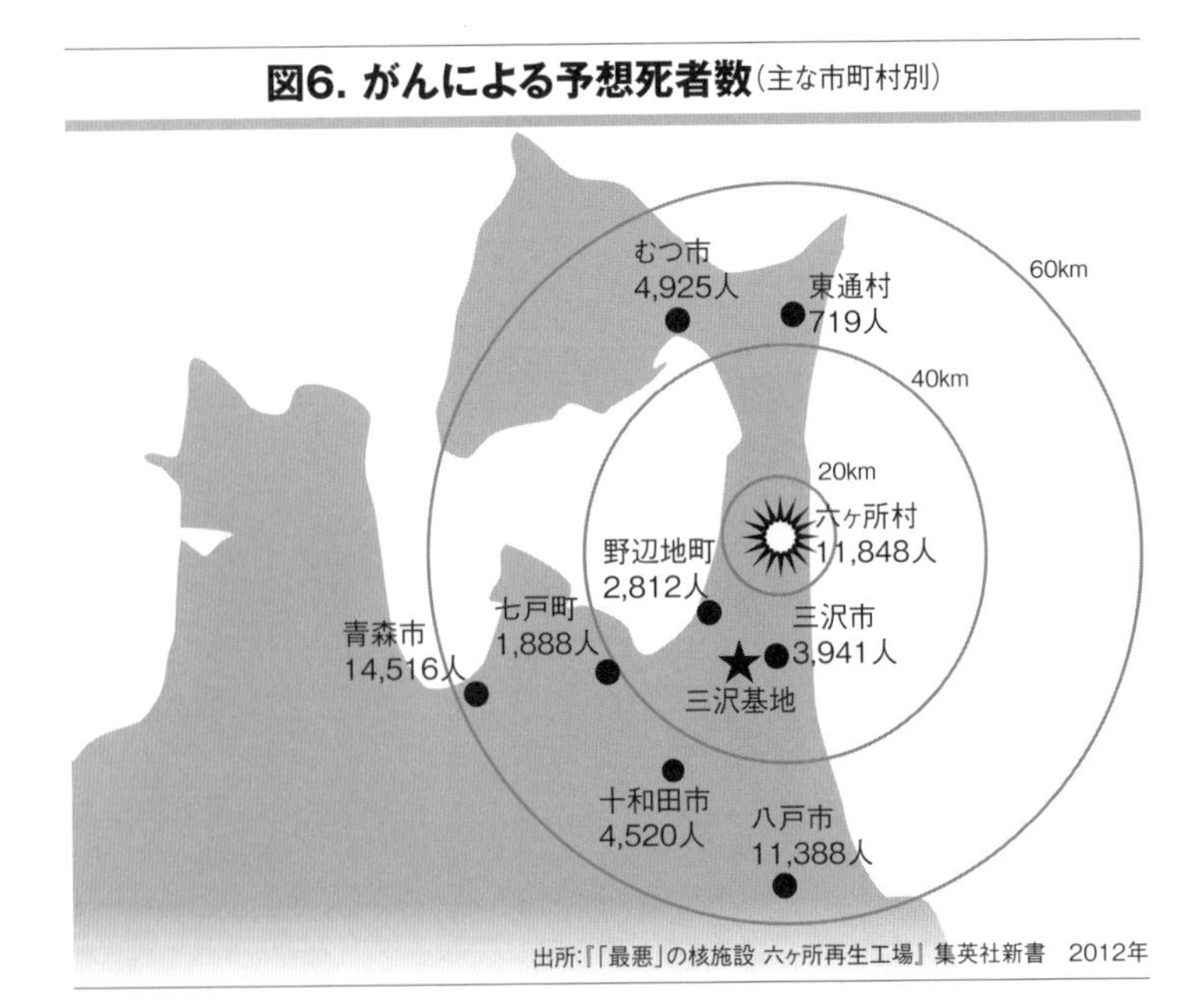

出所:『「最悪」の核施設 六ヶ所再生工場』集英社新書　2012年

ることは間違いないのです。

六ヶ所再処理工場も、事情は全く変わりません。地震があろうがなかろうが、再処理作業そのものが大きなリスクを抱えているのです。しかも立地する青森県には、三沢基地など米軍、自衛隊の軍事基地があり、再処理工場の上空は基地に発着する戦闘機が毎日のように飛び交う「戦場」です。もし、爆弾を搭載した戦闘機が再処理工場に墜落したりすれば、これはもうこの世の地獄のような結果をもたらすでしょう。

「そんなことは起きない」と原子力マフィアは高をくくっているかもしれませんが、2024年4月には海上自衛隊のヘリコプター同士が衝突して太平洋に墜落するなど、航空機事故はいつ起きるか分からないものです。そして事故が再処理工場を直撃するようなことがあれば、万事休すの破局的な事態になってしまいます。

明石さんのシミュレーションでは、近くにある米軍三沢基地の動揺ぶりも描いていますが、最悪の場合、地球の北半球の環境さえ脅かしかねない六ヶ所再処理工場の稼働を阻止することは、原発を林立させてしまったこの国の人間として、果たすべき責任ではないかと私は思います。それは同時に、戦争をさせない国、新しい平和な国を作るための大きな一歩になるとも確信しています。

国やマスコミがどんなに煽ろうと、一切の戦争行為に反対する

憲法違反の軍事費増強と原発回帰で、「戦争国家」に一目散

この国は、本当におかしな雰囲気になってきました。「戦争に反対」というと不思議な目で見られたり、下手をすると「非国民」と罵られたりすることもあります。戦争に反対するのは、第二次世界戦争で痛い目にあい、憲法9条という素晴らしい理念を掲げた平和憲法の実践にすぎないというのに、です。

本章の初めに紹介したヤジ強制退去事件ですが、実はそこにはもう一人、「老後の生活費2000万円　貯金できません！」というプラカードを掲げた高齢の女性がいました。彼女も警察官によって排除されたのですが、訴訟には加わりませんでした。HBCニュース（2023年6月21日）で、加わらなかった理由を「巨大な権力に何か言ったって聞いてもらえるわけがないと思った」と語っています。同時に、「あきらめてはいけないことを、若い二人に教えてもらいました」と後悔の言葉を継ぎます。

彼女は札幌市議を3期12年経験し、現在は「戦争させない市民の風・札幌」の共同代表を務

めています。岸田内閣が「防衛費（軍事費）のGDP比2倍増、5年で43兆円」「敵基地攻撃能力の保有」「殺傷武器の輸出」など、立て続けに憲法を踏みにじる方針を打ち出したことに危機感を覚えて活動を続けているそうです。

岸田文雄内閣は2023年2月10日、GX（グリーン・トランスフォーメーション）実現に向けた「原子力政策の大転換」を閣議決定しました。その骨子は、脱炭素効果の高い「原子力を最大活用する」というものです。具体的には「再稼働の推進」「原子炉耐用年数とされる40年を超える延長を認める」「新規建設を認める」「小型原発の開発」などです。

要はこれまでの方針を投げ捨てて、原発に回帰するということです。私は常々、「戦争ができる国」と「原発」が繋がっていることを発信してきました。岸田内閣は無能のふりをして、着々とこの国を危険な道に誘い込もうとしているようです。

原発を推進しようとする原子力マフィアと戦争推進派の政治家、企業は見事なまでに重複しています。かつて米国アイゼンハワー大統領が退任（1961年）に際して「米ソ冷戦下の軍拡が生んだ軍と産業界の『軍産複合体』が、民主主義を脅かす」と警告しましたが、その後の米国はその警告を無視した国となり、世界中の戦争で米国民と他国民の血を流し続けています。このように民主主義を脅かす国が、世界中で「民主主義を守れ」と戦争をしているわけで、全くおかしな話です。

そんな蛮行の理由は一目瞭然で、戦争しないと軍需産業とそれに連なる政治家の利益が上がらないからです。それと同じ轍（てつ）を「平和憲法」を持つこの国が踏もうとしているのです。そして戦争推進派の合言葉こそ、「憲法9条の廃棄・改正」です。

先ほどの女性は、人々を前にこんな発言をしています。

「私の母の時代は、戦争反対の声をあげることができませんでした。母は当時を振り返り、『そんな声をあげたら特高警察に目をつけられるし、新聞やラジオがウソを言っているなんて思ってもみなかった』と言います。その時代と違って、今は女性にも選挙権があり、平和憲法があります」

ウクライナ戦争が、軍備増強の口実を与えた

2022年2月24日、ロシアが国境を超えてウクライナに攻め込みました。日本では政府とマスコミが、「ロシアが悪い」「プーチンが悪い」という情報を垂れ流しました。この国の戦争推進派は大チャンスが到来したとばかりに、大宣伝を繰り広げたのです。その結果、多くの日本人は、「悪い奴が攻めてきたら大変だから、軍備と日米安保を強化しよう」という意見に誘導されていきました。しかも、平和憲法の理念を踏みにじろうとしているこの国の政府は、「武力によるいかなる現状変更にも反対する」という綺麗事を表明していますが、イスラエルが長年にわたってパレスチナ人の土地に武力侵入していることは黙認しているのです。

平和への確固とした理念も熱心な希求もない国が、世界の「紛争」に口を出すべきではあり

ません。確かに日本国憲法前文に、「自国のことのみに専念して他国を無視してはならない」とありますが、それは戦争当事国の一方に加担することではありません。どちらの国民の苦難にも想いを馳せ、戦争をやめさせるために努力するという役割を、憲法は政府と国民に求めているのです。

ウクライナ戦争に対し岸田文雄首相は2023年2月20日に、7000億円を超える援助を行うと表明しました。主にウクライナ国民への人道支援かもしれませんが、戦争時には軍事と民事の境界線は曖昧になります。その意味で、戦争の一方の当事国に加担することは誤りだと私は思います。その上、ウクライナ戦争がこの国の軍備強化、原発回帰の口実になっていることを許したくありません。

私は国家が軍隊を保有すること自体に反対しています。今回のロシアによるウクライナ侵攻にはもちろん反対です。米国やNATO(北大西洋条約機構)諸国によるアフガニスタンやイラクへの武力攻撃に反対しましたし、国連の国際司法裁判所が、ガザ地区のパレスチナ人大量虐殺の可能性のある行為について、「複数の措置を取るよう命じた」(2024年1月26日)イスラエルのパレスチナ攻撃にも、強く反対します。

戦争は、人間から人間性と人生を奪うだけの蛮行

全ての人間は、それぞれの場でそれぞれの歴史を背負い、かけがえのない人生を生きていま

す。どこの国に住む人も皆同じです。殺してよい人間も殺されてよい人間も、ただ一人として存在しません。戦争とはその人間同士が殺し合う「犯罪」です。「いい戦争」も「悪い戦争」もありません。すべてが「悪い戦争」なのです。兵士から人間性を奪い、「敵」を殺すことが殺人ではなく英雄的な行為と評価される。しかし、殺される側も悲惨ですが、殺すほうも悲惨です。米国の復員軍人の中には人を殺した記憶と罪悪感に苛まれ、心に病を生じるケースが多発しています。

前線で戦った兵士は、さまざまなトラウマを抱えて生きていくことになります。私たちは、戦争なんかするために生まれてきたわけではありません。特別でなくてもいい、平凡でありきたりな毎日を積み重ねていく人生を送る権利があります。

憲法と平和を守るという強い意志で、さまざまな作品を執筆した井上ひさしさん（1934～2010年）に印象的な言葉があります。井上さんは晩年、肺がんを発症し闘病生活を送りました。その生活の中でも、まわりの人たちに対し、「戦争や災害で死ぬことと比べれば、病気で死ぬことは幸せなことなんだよ」と語っていたそうです。

ウクライナ戦争における兵士の死者数は、ウクライナ兵が3万1000人（2024年2月、ウクライナ政府の発表　米当局は7万人と推定＝2023年8月）、ロシア兵が4万5000人以上（英BBCの調査）とされています。いずれも推定の域を出るものではありませんが、ウクライナの場合、亡くなった市民の数は1万582人（2024年2月15日現在。国連ウクライナ人権監視団）にのぼっています。犠牲者のうち587人が子どもです。

近代の戦争で一番被害を受けるのは非戦闘員の市民、女性、子ども、お年寄りです。

最近、私が特に心を痛めているのが、イスラエルの無差別攻撃でパレスチナ自治区ガザの死者が3万4012人（2024年4月19日現在　ガザ保健当局の発表）に達し、そのうち1万人以上が女性（国連女性機関）、1万3000人以上が子どもであることです（ガザ保健当局）。さらにガザに住む100万人以上の女性や児童が、深刻な飢餓に直面しているのです。こんな状況を招いたのはイスラエルの攻撃であり、それを黙認するのが米国、英国、日本などG7諸国です。誠に罪深い所業だと思います。

子どもたちは、将来にたくさんの夢を抱きながら生きてきたはずです。そんなたくさんの夢をイスラエルは無慈悲に奪い取り、今でも残虐の限りを尽くしています。

イスラエルのガザ侵攻、ロシア・ウクライナ戦争などだけではなく、人々に苦しみしか与えないあらゆる戦争行為そのものに、私は強く反対します。

「敵地」攻撃などすれば、逆に原発が狙われて破局的な大惨事に

この国の政府は、原発が相手国から攻撃されることを想定していない

ウクライナに攻め込んだロシアは、ザポリージャ原子力発電所（原発）を攻撃して占拠しました。同原発は100万キロワットの原子炉6基を擁する、ヨーロッパ最大の施設です。その原子炉の中には膨大な放射性物質が存在しています。そのため戦況が不利になった場合、ロシアが原子炉を爆破するのではないかという観測が持ち上がりましたが、私はそんなことにはならないと即座に判断しました。

そのような暴挙を決行すれば、親ロシア系住民が多く住むウクライナ東部地域、そしてロシア国内が猛烈な放射能汚染に見舞われることになるからです。ただ、戦争になった際に、原発が非常に大きなリスクになることは明確に示されました。しかし、福島第一原発事故後に新設された原子力規制委員会作成の「新規制基準」では、原発に対する武力攻撃を想定していないのです。

私は軍事の専門家ではありませんが、「敵基地に先制攻撃を仕掛ける」という軍事政策は、

決定的に誤りです。私はどこの国も「敵」とは思っていないので、ここでは相手国と記しますが、日本がもしミサイル攻撃をすれば、相手国からも反撃ミサイルが日本国中に襲いかかると考えるのが自然です。

それが、どんな結果をもたらすか想像してください。運転中の原子炉だけでなく、休止中の原子炉や貯蔵プールにある「死の灰」のほぼ全量が、環境に放出されることになるでしょう。もちろん、六ヶ所再処理工場の使用済み核燃料3000トンも標的になるのは目に見えています。これらが相手国のミサイルで破壊されれば、日本全土が猛烈な放射能汚染に見舞われることになり、あまり使いたくない言葉ですが、「亡国」の危機に瀕するかもしれません。先ほど紹介したシミュレーション以上の惨状が、そのまま現実になる恐れがあるのです。勇ましい言葉を吐き続ける自民党の政治家は、その事態にどう対処するか説明すべきでしょう。こんな馬鹿げた惨劇を招きかねない軍事政策に反対しない大多数の国民も、どうかしているとしか言いようがありません。

亡国の危機を回避するためには、軍備を縮小してどこの国に対しても攻撃する意志のないことを宣言し、戦争には手を出さない国にすること。万一、攻撃の標的となる可能性がある全ての原発を廃絶することです。

私がこんなことを言うと、「どこかの国が攻めてきたらどうするんだ」という猛烈な反論があることでしょう。では私から、逆に質問します。どこの国が、どんな理由で攻めてくるのか、教えてください。私には、そのどちらも頭に思い浮かばないのです。どこかの国を敵視すれば、その国も日本を敵視するのは当然です。こちらが拳を振り上げれば、相手も拳をさらに高く振り上げるでしょう。ですから、敵意がどんどんエスカレートしないよう、敵意自体を持たないことが一番です。

これは私の考えというより、日本国憲法が前文で世界に高らかに宣言していることなのです。

高らかに平和を掲げる憲法前文は、世界の共有財産

1946年11月3日に公布され、1947年5月3日に施行された日本国憲法の「前文」は何度読んでも胸を打たれます。第二次世界戦争で兵士212万人、民間人50〜100万人の犠牲を出し、周辺諸国に筆舌に尽くしがたい苦痛を与えた蛮行への反省を込めて制定された、憲法前文の徹底した平和主義の理念に私は強い共感を覚えます。以下に紹介しましょう。一部にふりがなを振ったり、言葉遣いを現代文に直したりしてあることを、お断りしておきます。

日本国憲法　前文

日本国民は、正当に選挙された国会における代表者を通じて行動し、われらとわれらの子孫のために、諸国民との協和による成果と、わが国全土にわたつて自由のもたらす恵沢（けいたく）を確保し、政府の行為によつて再び戦争の惨禍が起ることのないやう（よう）にすること

を決意し、ここに主権が国民に存することを宣言し、この憲法を確定する。そもそも国政は、国民の厳粛な信託によるものであつて、その権威は国民に由来し、その権力は国民の代表者がこれを行使し、その福利は国民がこれを享受する。これは人類普遍の原理であり、この憲法は、かかる原理に基く（もとづく）ものである。われらは、これに反する一切の憲法、法令及び詔勅を排除する。

日本国民は、恒久の平和を念願し、人間相互の関係を支配する崇高な理想を深く自覚するのであつて、平和を愛する諸国民の公正と信義に信頼して、われらの安全と生存を保持しようと決意した。われらは、平和を維持し、専制と隷従、圧迫と偏狭を地上から永遠に除去しようと努めてゐる（いる）国際社会において、名誉ある地位を占めたいと思ふ（思う）。われらは、全世界の国民が、ひとしく恐怖と欠乏から免かれ、平和のうちに生存する権利を有することを確認する。

われらは、いづれ（いずれ）の国家も、自国のことのみに専念して他国を無視してはならないのであつて、政治道徳の法則は、普遍的なものであり、この法則に従ふ（従う）ことは、自国の主権を維持し、他国と対等関係に立たう（立とう）とする各国の責務であると信ずる。

日本国民は、国家の名誉にかけ、全力をあげてこの崇高な理想と目的を達成することを誓ふ（誓う）。

この前文を含めた憲法について、「米国から押し付けられたもの」という批判があります。そのような批判をする人たちの多くが米国に追随する自民党の政治家であることに、私は呆れます。現憲法の作成に当たっては、日本の自由民権運動の流れの中で策定された「五日市憲法草案」(起草したのは教育者で自由民権運動家の千葉卓三郎)などを、米国側が参考にしたという説も有力です。また、仮に押し付けられたというのであれば、自分自身でこうした憲法を作ることができなかったことを恥ずべきです。

いずれにせよ、日本国憲法と前文の理念、考え方を私は支持します。押し付けであろうとなかろうと、そんなことは関係ありません。この憲法の内容、せめて前文を世界各国が共有すれば、人間が人間らしく生きることができ、馬鹿げた戦争などなくなると私は考えているからです。残念ながら、その理念を投げ捨てようとしているのが自民党を中心とする憲法改憲・改悪勢力なのです。もちろんそこには、この国の大企業1500社以上が加盟する日本経済団体連合会(経団連)など、原子力マフィアの面々が加わっていることも見逃せません。

憲法の理念は絵空事ではない。実践すれば世界に素晴らしい貢献ができる

アフガニスタンの砂漠を蘇らせた、中村哲さんの仕事

米国の空爆で荒廃したアフガニスタン（アフガン）で、「いのちを救う」用水路建設に「いのちをかけた」のが、医師でもある中村哲（1946〜2019年）さんです。

中村さんは福岡県生まれ。火野葦平（ひのあしへい）（1907〜1960年）の小説『花と龍』のモデルとなった玉井金五郎・マン夫妻の孫で、火野は叔父に当たります。胆力にあふれた侠客の血を継ぎながらクリスチャンになった中村さんは1984年、日本キリスト教海外協力会からパキスタン北部のペルシャワルの病院に派遣されたのち、大旱伐（かんばつ）に襲われたアフガンに移動して、診療を続けます。そこで見たのは、飢えと渇きに苦しむ数多くの母子の姿でした。目の前で亡くなる子どもたちの現状から目を背けることはできず、その病気の原因を断つため、2000年から井戸掘りを始め、2003年からは用水路の建設をスタートさせました。現在まで用水路の延長は100キロ超、面積で言えば1万5000ヘクタールを超える荒地、砂漠を農地や林として蘇らせたのです。

中村さんは米軍とアフガンを支配するイスラム主義勢力のタリバンが激しい戦闘を繰り広げる中、「武力で平和を守れるという迷信に惑わされるな」という信念のもと、丸腰で作業を続けました。武装勢力タリバンも、そんな中村さんに手出しはしませんでした。検問所でも、中村さんの乗った車はフリーパスだったそうです。しかし、日本が米国に追随してアフガン戦争に「参戦」したことで、事情は急激に悪化します。

自民党政府は「テロ特別措置法」（戦争法案）を制定し、自衛艦がインド洋で給油支援という形で、米国が引き起こしたアフガン戦争に参戦し、何に使われるかはっきりしないアフガン復興支援を名目に、国民の税金を7600億円も投じています。これら一連の行動が、アフガニスタンの人々の強い反感を買ったのです。

自衛隊派遣は、「有害無益」の愚行だった

2001年10月13日、国会の特別委員会の参考人とした招かれた中村さんは、旧ソ連の侵攻とその後の内戦で、約200万人の民間人、特に女性、子ども、お年寄りが犠牲（2001年段階）になっていることを証言しました。同時に、中村さんたちが設立したペシャワール会は、水源を開拓することで人々の食料を確保し、健康にも貢献していることも報告し、その作業や医療活動の安全を保証してきたのは日本の「平和憲法」であると強調しました。それが日本人への信頼に繋がっていただけに、「自衛隊を派遣するようなことは、現地の事情からすれ

ば有害無益です」と、物静かな口調で訴えたのです。その時、戦争推進派、米国追随派の議員から、「発言を取り消せ！」とヤジが飛びました。この章で紹介した市民のヤジとは全く異なる、思想信条も品性もない「卑しい脅し」にすぎません。卑しいと言うのは、彼らの頭の中にあるのが原子力マフィアと同じで、常に「今だけ、カネだけ、自分だけ」だと推測するからです。

日本人への信頼を失ったアフガンの「過激派」の男性に狙撃され、中村さんは2019年に亡くなりました。私はその責任の多くが、日本政府の無謀な「アフガン参戦」にあると思っています。中村さんは、日本という国に背後から撃たれたのです。

現地で行われた中村さんの葬儀は「国葬」扱いで、その棺をガニ大統領(当時)自ら担ぎました。その後、タリバン政府も中村さんの貢献を称え、「ナカムラ」という広場を整備したそうです。世界中に金をばら撒いて回った安倍晋三元首相など足元にも及ばない、本物の貢献だったからでしょう。

中村哲さんは、まさに日本国憲法を体現した人でした。中村さんの憲法の理念を追い求める行動こそ、「いのちを大切にする」ことであると、私は思います。ただ私は、中村さんを英雄視することには反対します。英雄が必要な社会は、とても危険で不幸だからです。

原発と核兵器が一体であることを、国が宣言

この国では、「原子力の平和利用」という言葉が広く浸透していて、多くの日本人は原子力

発電が平和目的で進められてきたと思っています。また、日本には「原子力平和利用三原則」があり、憲法が定めた平和国家なので、核兵器など決して開発しないとも思わされています。残念ながら、それは大いなる錯覚です。英語では「核」は「Nuclear」という単語で、「核兵器」は「Nuclear Weapon」です。でも、日本では「Nuclear Power Plant」を「核発電所」ではなく、「原子力発電所」と呼びます。政府・原子力マフィアは、彼らがある時は「核」、ある時は「原子力」と使い分けてきました。実は同じものであることを知りながら、「核」と「原子力」は違うものであるかのように、国民を洗脳してきたのです。

核と原子力に、軍事利用も平和利用もありません。商業利用していても、いざとなればいつでも軍事に転用できます。この国の原子力開発は、他の国と同じように核兵器の保有とセットで進められてきました。

核兵器に対する日本政府の公式見解は、昔から国会で以下のように度々表明されています。

「自衛のための必要最小限度を超えない戦力を維持することは、憲法によって禁止されていない。したがって右の限度にとどまるものである限り、核兵器でも通常兵器でも、これを保持することを禁じるところではない」

2012年6月20日には、曲がりなりにも「平和利用」を謳(うた)っていた原子力基本法が改定され、「我が国の安全保障に資することを目的として、行うものとする」という条文が第二項に書き加えられました。「国の安全保障」とは明確に軍事用語であり、原子力を軍事目的に資するために利用することが、法律上も公然と謳われることになったのです。

２０１６年には国会で横畠裕介内閣法制局長官が、「憲法上、あらゆる種類の核兵器の使用がおよそ禁止されているというふうには考えていない（中略）核兵器は武器の一種。核兵器に限らず、あらゆる武器使用は国内法、国際法の許す範囲で使用すべきものと解している」（２０１６年3月18日　参院予算委員会）と答弁しました。核兵器の「保持」だけでなく、「使用」すら合憲だと法律制定のトップが言う時代にすでになっています。もはや国は隠れた意図を隠さず、原発＝核兵器＝戦争という図式を積極的に認めたと言ってもいいでしょう。

原子力の「平和利用」も、憲法違反になる恐れ

これまでこの国の政府は、イランや朝鮮民主主義人民共和国の原子力政策を「核兵器の開発」と断定し、口を極めて非難してきました。朝鮮民主主義人民共和国が打ち上げる「ミサイル」に過剰反応して大騒ぎする国とマスコミに、私はいつもうんざりしています。なぜなら、日本も同じようなことをやっているからです。

核兵器の材料となるプルトニウムの保有量（国内9・3トン、海外の保管先である英国に21・8トン、フランスに14・7トンの合計45・8トン　２０２１年末現在　内閣府のデータ）で言えば、ロシア、米国、英国、フランスに次ぐほどで、イランや朝鮮民主主義人民共和国をはるかに上回ってもいます。それを「原子力の平和利用」とごまかしていますが、日本は今や、

「隠れた核大国」なのです。両国を責める前に、まず自分の足元を見るべきでしょう。平和利用を標榜しながら本当は核兵器を作るという目標がある以上、原子力発電そのものが憲法に違反するとさえ私は思います。

岸田文雄内閣は原子力（原発）政策を強力に推し進める一方、国家安全保障戦略を改定し、2023年から5年間で軍事費を43兆円（現状から倍増）にすることを決め、実行しています。そのため国はウクライナ戦争をいたずらにクローズアップさせ、「台湾有事」を煽り立て、軍事費の倍増も仕方ないという方向に世論を誘導し、国民感情に訴えたわけです。しかし、これは仕方ないですむ話ではありません。

2021年の軍事予算は6兆9300億円で、すでに世界9位（2023年は対ロシ

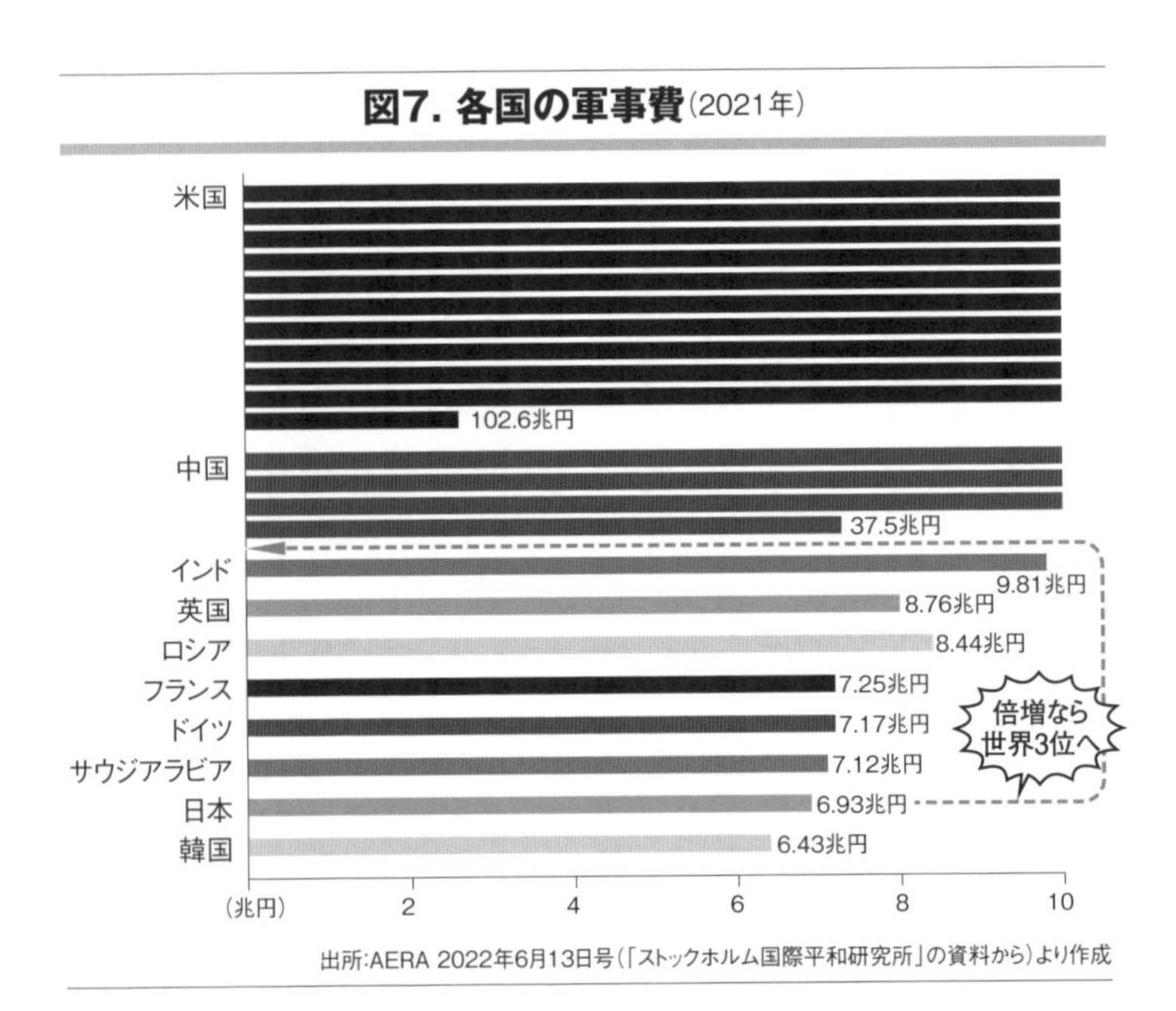

ア戦争で軍事費が増大したウクライナが上位にきたので、日本は10位＝ストックホルム国際平和研究所）の軍事大国です。これをGDP（2022年度＝564兆6000億円）比2％に増やすとすれば約11兆3000億円となり、日本は世界3位の軍事大国になるのです（図7＝230ページ）。平和憲法を持ち、他国を侵略しないと宣言している国が、このような状態であることを、私は恥ずかしく思います。

その言い訳のひとつになっているのが、台湾有事です。国は琉球列島に自衛隊の基地を次々と建設したり、住民の避難訓練を実施したり、あれこれと危機を煽る行動を積み重ねています。台湾が中国の一部であることは国際上認められていますが、中国が台湾に武力侵攻するようなことがあれば、私はもちろん反対します。中国は台湾統一を悲願としていますが、それでも武力攻撃については今日まで抑制的な態度を取ってきています。

現実問題として、中国が台湾に侵攻する可能性はあるのでしょうか。中国がもし軍を動かすとすれば、台湾が独立しようとした時だと専門家に聞いたことがあります。その人は、「バイデン米大統領が『台湾の独立を支持しない』と言明した以上、中国の侵攻はない」と断言していました。納得のいく解説で、私もそのように思います。

軍事費43兆円の内容について政府は詳細を明らかにしていませんが、かなりの金額が米国製兵器の「爆買い」と国内軍事関連企業への支払いに予定されているようです。私から言わせれば、壮大な無駄遣いにしか見えません。しかも、その増額分を国民に押し付けようとしているのです。

お気付きかと思いますが、私は本書で「軍事費」という名称を使用しています。政府やそれに追随する新聞やテレビでは「防衛費」という名称に拘っていますが、これほどのまやかしはないでしょう。福島第一原発から海洋放出する「汚染水」を「処理水」と言いくるめ、それにマスコミが唯々諾々と従うのと同じ構図です。

この国は近いうちに、世界3位の軍事大国になろうとしています。しかも相手国を先制攻撃する武器を持ち、殺傷兵器を輸出する国になったのです。防衛費などというごまかしはやめ、軍事費と呼ぶのが正しいと私は思います。

国を守る前に、国民の生活を守ることを優先すべきだ

2024年冒頭から自民党の各派閥のパーティー券をめぐる政治資金問題が話題になりましたが、裏金の合計が6億7000万円になるそうです。その使途については不明ですが、いかがわしい動機があるから裏金扱いにしているのでしょう。しかもこの「雑所得」には税金がかからないというのですから、開いた口が塞がりません。国民が10万円単位の脱税でもすれば、大変なことになるでしょう。私などフリーランスは確定申告で、領収証のない支出などは基本的に認められません。

裏金天国で好き勝手やっている自民党議員の頂点に立つ岸田文雄首相が、2024年1月30

日、通常国会冒頭の施政方針演説で、「憲法改正」に言及しました。まったく厚かましい限りです。裏金集めを平然と行い、しかもそれを脱税するような連中がウヨウヨいる自民党とその「頭（かしら）」である岸田文雄首相に、憲法に手を出す資格などありません。そして、この憲法改悪と軍事費倍増が一対のものとして実行されようとしています。

軍事費倍増について岸田文雄首相は、「今を生きる我々の責任です」と表明しましたが、その言葉を聞いて私は心底呆れました。岸田さんは軍備拡張と共に、原子力利用の拡大を二大政策にしています。でも、戦争になったら、相手国はためらいもなく原発を狙うでしょう。敵国である日本を攻撃するのに核兵器は要りません。原発を通常のミサイルで破壊すれば、勝負は決まってしまいます。国際法なんて、いざという時には守られはずもありません。つまり巨額を注ぎ込んだ兵器の数々など、いざという時に何の役に立たないかもしれないのです。

「国を守る」とは軍備を増強することではなく、国民の生活を守ることです。7人に1人の子どもが貧困に苦しんでいる現状を是正し、非正規で働く2000万の人たちへの賃金差別、労働条件差別をやめさせ、高齢者の年金減らしと負担増を改め、税金と社会保険料で50パーセントに達する「国民負担率」を大幅に下げることです。ここではほんの少しだけ例を挙げましたが、国が国民に対して責任を果たすべき課題は山ほどあります。それにもかかわらず、この国の政府はその責任を負うこともなしに、憲法の理念を丸ごと否定し、軍事国家への道を歩み始めています。ですから、岸田文雄首相が言う「我々」に「私」が含まれることを、私は拒否します。

核兵器所有の野望を打ち砕き、原発と放射能汚染のない国を目指す

プルサーマル計画には、大きな危険が潜んでいる

使用済み核燃料を再処理してプルトニウムを回収し、ウランと混合させた「ＭＯＸ」燃料を原子炉で使う「プルサーマル計画」が進んでいます。大手電力会社で構成する電気事業連合会では、２０３０年までにプルサーマル原発を12基以上に増やす計画を明らかにしていますが、地元の合意を得られず、思うようには進んでいません。

でも、プルサーマル計画はもともとメリットもないうえ、危険極まりないものです。稼働中のプルサーマル原発を即時停止し、計画中のプルサーマル原発は白紙撤回すべきです。プルサーマル原発は現在、高浜原発３号機、４号機（関西電力）、伊方原発３号機（四国電力）、玄海原発３号機（九州電力）の４機が稼働中です。今後予定されているのは泊発電所（北海道電力）、大間発電所（電源開発）、東海・東海第二発電所（日本原子力発電）、敦賀発電所（同）、浜岡原発（中部電力）、島根原発（中国電力）の各１機、合計６機あり、地元の合意が得られているのはそのうちの４機です。

プルサーマル原発で使うMOX燃料はフランスに加工してもらい、それを輸入しています。国内で初めてこのMOX燃料を使い始めた玄海原発では2024年1月、在庫切れで運転を一時停止、2月2日からはウラン燃料だけを使って運転を再開しています。

なぜ、こんな面倒なことをしているのでしょうか。MOX燃料など使わなければいいではないかと思われるかもしれませんが、実はそうしなければならない理由があるのです。日本は国際公約で、核兵器の材料となるプルトニウムの保有を禁止され、使用目的のないプルトニウムを保有しないことになっています。それにも拘らず、「もんじゅ」で使うと言って懐に入れたプルトニウムが大量に溜まり、当の「もんじゅ」はトラブル続きで廃炉になってしまいました。そのため、これまで蓄積したプルトニウムを使わなければなりません。そこでたどり着いたのが、プルサーマル計画というわけです。

ウランとプルトニウムの混合燃料が、原子炉の安全性を損なう

この計画は一見、合理的のように見えるかもしれませんが、馬鹿げた危険な試みです。

原発の燃料であるウランとプルトニウムは、どちらも核分裂する能力を持っていますが、性質は大きく異なります。プルトニウムの特徴はウランの20万倍も毒性が強いこと、核分裂面積が大きい（核分裂しやすい）ことです。福島第一原発事故では核分裂を止めるため制御棒を入れましたが、核分裂がしやすいプルトニウムでは、この制御棒の効果が弱まります。つまり核

です。

分裂を停止させることがウランより難しく、それだけ破局的事故の確率も高くなるというわけ

原子炉「圧力容器」で核分裂の連鎖反応を制御できるのは、「遅発中性子」と呼ばれる中性子があるためです。もし、この遅発中性子がなければ、臨界に達した核分裂現象は、あっという間に爆発に至ってしまいます。プルトニウムはウランに比べると遅発中性子の数が少なく、ここでも制御の難しさが生じます。プルトニウムは「人類が生み出した最悪の物質」とも評されますが、そのようなものを利用するプルサーマル発電も最悪と言えるでしょう。

中部電力は、２０１０年に浜岡原発（静岡県）４号機にプルサーマル発電を実施する計画でしたが、耐震安全審査の遅れもあり、未だに稼働できていません。浜岡原発は、近い将来起こると多くの地震学者が認めている東海地震の予想震源域のど真ん中にあります。そんな原発をこれから稼働させることなど、あってはならないことと私は思います。その上、プルサーマルを導入するなどというのは論外です。

国や電力会社がプルサーマル計画を進める理由は、核燃料サイクルの破綻を何とか押し隠そうという意図があります。私は以前からこの計画に強く反対してきました。それ以上に周辺の住民がプルサーマル発電の危険性を察知し、粘り強く反対の声をあげ続けていることをありがたく思います。

フルMOX原発の大間原発を稼働させてはいけない

このような反対運動に対する原子力マフィアの常套句は、「普通の原子炉の中でも、自動的に生成されたプルトニウムが燃えている。だから、初めからプルトニウムを燃やしても問題はない」です。しかし、問題は大いにあるのです。原子炉の中で生成されたプルトニウムは、ウランの中に均一に分散しています。それに対しプルサーマルに使用するMOX燃料は、別々に存在するウランとプルトニウムを混合して作るのですが、2種類の粉体を均一に混合することは難しく、どうしても不均一が生じます。そうなるとウランとプルトニウムの燃え方が異なるために「燃えムラ」ができ、燃料棒の健全性に悪影響を与えることになるのです。

プルトニウムの融点が低いことも、心配になります。多く混ぜれば混ぜるほど燃料が熔けやすくなり、万一の事故時の安全性が低下するからです。

どのような問題があろうと、「大地震は発生しない」という妄信を前提に、原子力マフィアは前記の各原発でプルサーマル計画を進めようと躍起になっています。その理由は、計画が頓挫すれば、使い道のないプルトニウムは持たないという国際公約が破綻するからです。

一本釣りのマグロで有名な青森県大間町（おおままち）に計画されている大間原発（電源開発）は、出力138万3000キロワット、炉心全体にMOX燃料を使うフルMOX原発で、2030年の運転開始を目指して建設中です。しかし、大間原発の北方海域や西側海域に活断層がある可能性が高いことや、過酷事故が起きた場合、対岸23キロメートルに位置する函館市をはじめとする道南地域が広く汚染されるにも拘らず、その圏内にある各自治体の同意を得ていないこともあり、函館市は２０１４年、建設の差し止めを求めて東京地裁に提訴しました。30回を超える審議が行われていますが、２０２４年4月現在、まだ決着はついていません。

電源開発は１９５２年、電力需要の増大を受けて設立された国策会社です。当初は国が大部分の株式を所有していましたが、現在では都市銀行や生命保険会社、証券会社などが大株主となっています。

同社が最初に手がけたのは、日本屈指の佐久間ダム発電所（静岡県・愛知県）で、１９５３年に着工し56年に完成しました。その後も数多くの水力発電所、火力発電所を建設・運営しています。

電源開発が大間原発の建設に取りかかったのが２００８年で、当初は２０１４年ごろの運転開始を目指していましたが、現在は２０３０年の完成目標に変更されています。耐震設計の目安となる基準値振動や津波に対する安全設計に不備があり、完成時期が5回、延長されたためです。これだけでも十分に不安になりますが、私が特に心配するのは、同社が原子炉を作ったことのない「新人企業」であることです。そのような会社が、世界初のフルＭＯＸ原発を手がけることも心配です。最初からプルトニウムを燃やす設計になっていますので、プルサーマル原発よりはマシかもしれません。しかしその分、フルＭＯＸ原発では全炉心にプルトニウムを装荷することになり、破局的事故の可能性も高くなるのです。

函館市の勝訴を期待するとともに、大間原発を稼働させないために多くの人たちが声をあげてほしいと思います。

「夢の小型原子炉」は夢として消え去る定め

能登半島地震によって、志賀原発（石川県）や柏崎刈羽原発（新潟県）の再稼働に暗雲が垂れ込め、六ヶ所再処理工場の稼働も遅れていることから、原子力マフィアは利権を守るために、「小型原発＝小型モジュール炉（ＳＭＲ）」プランを再び持ち出すようになってきました。しかし、米国でＳＭＲ建設を計画していた企業が２０２３年、撤退を表明しました。撤退の最も大きな理由は、ＳＭＲの発電コストが想定より高くなり採算が合わなくなったことです。同社に１００億円以上出資していた日本企業にとっては、大きな痛手になりました。

採算面だけではなく、ＳＭＲはその構造上の問題から大型原子炉より、「管理と処分を必要とする核廃棄物の量が2～30倍増える」（米スタンフォード大の核燃料研究者リンゼイ・クラル氏ら＝東京新聞ｗｅｂ　２０２３年11月18日）という指摘もあります。

ＳＭＲ構想自体は目新しいものではなく、１９８０年代から原子力委員会のプランに入っていたものです。しかし、原発は経済性をスケールメリットに求めて大型化してきました。それでも、他の発電方法に比べて発電単価が高くなってしまっています。今さら小型化などをすれば、経済性が成り立ちません。原子力マフィアは「次世代の小型原子炉」「夢の小型原子炉」などと囃(はや)し立てて、まだあきらめていないようですが、もともと核廃物の処理場も未定なところにその量が増え、経済性すら成り立たないと言うなら、将来にわたってＳＭＲの実現は全くの夢物語です。

原子力マフィアの悪あがきに、鉄槌を！

最近、新聞報道で「核融合炉」について報道されることが増え、私の講演会でも時々質問を受けるようになりました。

１９５５年、第１回原子力平和利用国際会議が開かれた時、その議長を務めていたインドのホーミ・バーバは、核融合炉は20年以内に実現すると予言しましたが、その後10年経つと、実現までの年数が倍に増えると言われるようになり、実現の可能性はどんどん遠のき、21世紀中に実現できると考える専門家は今や、誰一人といないはずです。私もこの技術は決して実現できないと思いますし、させてもいけないと考えています。

核融合炉の旗を懸命に振っている人は、「核分裂反応は核分裂生成物を生み出すのでダーティーだが、核融合反応では核分裂生成物が生まれないので、クリーンだ」と宣伝してきました。しかし、地上でかろうじて実現できるかもしれないと期待されている核融合反応では、燃料として重水素と三重水素（トリチウム）を使います。第３章で詳しく述べたように、トリチウムは放射性物質です。反応を起こす前から放射性物質を扱うことになり、その扱いは非常に危険なものになるでしょう。

トリチウムは三重水素と呼ばれるように、水素です。水素は原子の中で最小の原子で、それを閉じ込めることにもともと困難があり、ある程度の割合で環境に漏れてくることを避けられません。環境に出てしまえば、水素は酸素と結合して水になりますが、水になったトリチウムを捕えることはできず、周辺地域に住む人々の健康に害を及ぼすことになります。

ここではSMRと核融合炉について触れましたが、原子力マフィアは性懲りもなくさらに、さまざまな「新型原発」のプランを持ち出してくることでしょう。たとえば「ナトリウム冷却高速炉」や「高温ガス炉」などです。でも、彼らが言っている原子炉はどれも新型ではなく、昔から構想がありながら、さまざまな制約で全く実現できなかったものばかりなのです。

原発廃絶につながる新技術であれば、私は諸手(もろて)を挙げて賛成しますが、そのようなものが登場すれば、原子力マフィアが「失業」してしまいます。ですから彼らは、決して原子力を手放しません。こちらが少しでも油断すれば、世論を巧みに操作して原発再稼働、そして新設という彼らの謀略に屈することになります。

私は「原発即時廃絶」「平和憲法の実体化」「戦争国家を許さない」社会実現のために、私に残された力を使いたいと思います。

他人や人間以外の生物にも、心を配った宮沢賢治さん

雨ニモマケズ　風ニモマケズ

宮沢賢治さん（1896〜1933年）は詩人、児童文学者、教師、農業研究家、科学者、宗教家（法華経＝日蓮宗）などさまざまな顔を持つ人でした。第2章で少し紹介しましたが、私は少年時代の一時期、賢治さんのような生き方に憧れたことがあります。賢治さんについては、私などよりはるかに熱狂的なファンがいることも知っています。でも、私にとって宮沢賢治さんは大切な作家の一人です。

これまでの私の本で、何度か賢治さんの言葉を紹介したことがありますし、私の科学者としての生き方に大きな影響を与えた『グスコーブドリの伝記』という物語に言及したこともあります。

賢治さんの作品で最も知られた詩はやはり、「雨ニモマケズ」でしょう。この詩は死後発見されましたが、病床で手帳に記したものと言われています。どこか死を覚悟した遺言のような切実さを、私は感じます。

原文は右の小見出しのようにカタカナと漢字で書かれていますが、ここでは賢治さんとファンの皆さんのお許しをいただいて、ひらがなと漢字に私が変換したものを紹介します。

雨にも負けず　風にも負けず　雪にも夏の暑さにも負けぬ　丈夫な体を持ち
欲はなく　決して瞋（怒）らず　いつも静かに笑っている
一日に玄米四合と　味噌と少しの野菜を食べ
あらゆることを　自分の勘定に入れずに　よく見聞し分かり　そして忘れず
野原の松の林の陰の　小さな茅葺（かやぶき）の小屋にいて
東に病気の子どもがあれば　行って看病してやり
西に疲れた母あれば　行ってその稲の束を負い
南に死にそうな人あれば　行って怖がらなくていいと言い
北に喧嘩や訴訟があれば　つまらないからやめろと言い
日照りの時は涙を流し　寒さの夏はおろおろ歩き
みんなにでくの坊と呼ばれ　褒められもせず　苦にもされず
そういう者に　私はなりたい

作品を貫く平和主義は、原発や戦争を認めないはず

この詩の最後には、法華経の言葉が書かれています。賢治さんの法華経信仰が実に深いものであることが分かります。貧しい生活を送っていても、他者への心づかいを忘れない賢治さんですが、病床にあってその心づかいを実行できないことに苦しんでいたのかもしれません。この詩の3カ所に「行って」という言葉が出てきます。心づかいとは実際に「行って」、実践すべきものだと考えていたのではないでしょうか。たとえ、でくの坊とそしられても、自分一人だけでも行動に移すという賢治さんの人生が、「行って」という言葉に反映されているように思うのです。その根底にあるのは、人と敵対するのではなく手を差し伸べ合いながら生きていこうという「平和主義」です。日本国憲法の精神と賢治さんの生き方は繋がっていると、私は思います。

賢治さんが今の時代に生きていたら、戦争はもちろん環境や人間に害を及ぼす原発に反対してくれたはずです。

「日照りの時は涙を流し　寒さの夏はおろおろ歩き」には、当時の東北農業の過酷な現実が反映されています。賢治さんは自らも農業に携わり、水不足や冷夏に苦しめられる農業の近代化に力を尽くします。しかし賢治さんの視線は農業とともに、農民一人ひとりに向けられている

ようです。農業と近いところにある動物、生物、植物にもあたたかい視線を向けています。私はそんな賢治さんの姿勢に、心が惹かれるのです。

この章の冒頭で私は、「スタンディング」の話を紹介しました。私のどんな行動も人から指図されたものではなく、自分が生きたいように生きるという信条を素直に表現したものです。そんな私の行動を支持してくれる人もいますが、冷笑や嘲笑をする人もいるかと思います。「でくの坊が何か変なことをやっている」と、無視する人も少なくないかもしれません。しかし賢治さんの生き方を見れば、私のやっていることなど、まだまだ足りないと思います。

この章の最後に、賢治さんの言葉を紹介させてください。

「我々ができることは今を生きることだけだ。過去には戻れないし、未来があるかどうかも定かではない」

「世界全体が幸福にならないうちは、個人の幸福はあり得ない」

「自分が真実から目を背けて、子どもたちに本当のことが、語れるのか」

これらは高齢者になった私を今でも鼓舞し、そして戒める言葉です。

第5章

エネルギーをできるだけ使わない生活

原発がなくても電力は不足しない。原発は今、総発電量のわずか数パーセントを賄うだけの存在

火力発電所の発電能力を抑えるという猿芝居

福島第一原子力発電所(福島第一原発)事故後、電力が足りないからという理由で、「計画停電」という政策が実行されました。覚えている方も多いでしょうが、実際には大停電が起きるわけでもなく、ほとんどの地域で短時間の停電で済みました。「計画停電」が大げさに宣伝されたのは、国や電力会社によって仕組まれた政策だったように思います。

原発事故によって一時的ですが、反原発・脱原発の機運が高まりました。国をはじめとする原子力マフィアにとって、これほど危険な兆候はありません。事故直後には、国内の全ての原発が運転停止に追い込まれましたが、これらを早急に再稼働しなければ、自分たちの利権確保と核兵器製造の機会が失われてしまいます「原発なんか、なくていいや」という反原発の機運が定着しないよう、「原発を稼働させないと電力が不足し、国民生活に支障をきたしますよ。それでもいいのですか」という大キャンペーンを繰り広げたのです。計画停電という「猿芝居」

を打ったのは、その一環です。マスコミもこのキャンペーンの片棒を担ぎました。このキャンペーンは継続的に行われ、特にクーラーの使用が高まる夏期に集中したように思います。

2012年夏のことです。「大飯(おおい)原発（福井県　関西電力）を動かさないと、停電になるぞ」と国と関西電力（関電）が消費者に脅しをかけた結果、3号機と4号機の再稼働という成果を、まんまと手に入れました。その時、国と関電はとんでもないごまかしを行ったのです。2機の原発の合計出力量は236万キロワットでしたが、その陰で関電は、火力発電所の出力量300万キロワット分を意図的に停止させました。火力発電所をそのまま稼働していれば電力など不足しなかったのに、原発再稼働のために、そんな猿芝居を打ったわけです。

原発コストはLNG火力発電より割高

その場限りのウソを平気でつくのは原子力マフィアの特徴ですが、この習性は福島第一原発事故以前も、事故後13年経った今でも変わっていません。しかし、状況は変わりました。図1（250ページ）の電源構成（2022年）を見ると、原子力は全体の5・5パーセントにすぎません。多くの原発が再稼働していないこと、太陽光発電や水力発電など自然エネルギーの割合が高まっていることなどが背景にあります。日本の火力発電、水力発電、自家発電を合わせた発電設備の総量は100万キロワットの発電所に換算すると、270基分もあります。もう、これで十分です。実際、これまで真夏でも電力が足りなくなったことは、かつて一度もありません。つまり日本では、原発を即刻廃絶しても電力が不足することなどないのです。

原子力マフィアは事あるごとに、「原発のコストは他の電源より安い」という宣伝を繰り広げてきましたが、それも破綻しつつあります。

図2は、資源エネルギー庁（経済産業省）が公表した電源別発電コストの比較表（2020年）です。原子力はLNG火力発電より割高になっていますが、事業用太陽光発電よりは割安としています。でも、実際にはすでに太陽光発電より割高だという試算もあります。その試算はともかく、資源エネルギー庁は、2030年には太陽光発電（事業用・家庭用）のコストが原子力発電や火力発電を下回る可能性があるという試算を発表しています。

図1. 日本の電源構成（2022年）

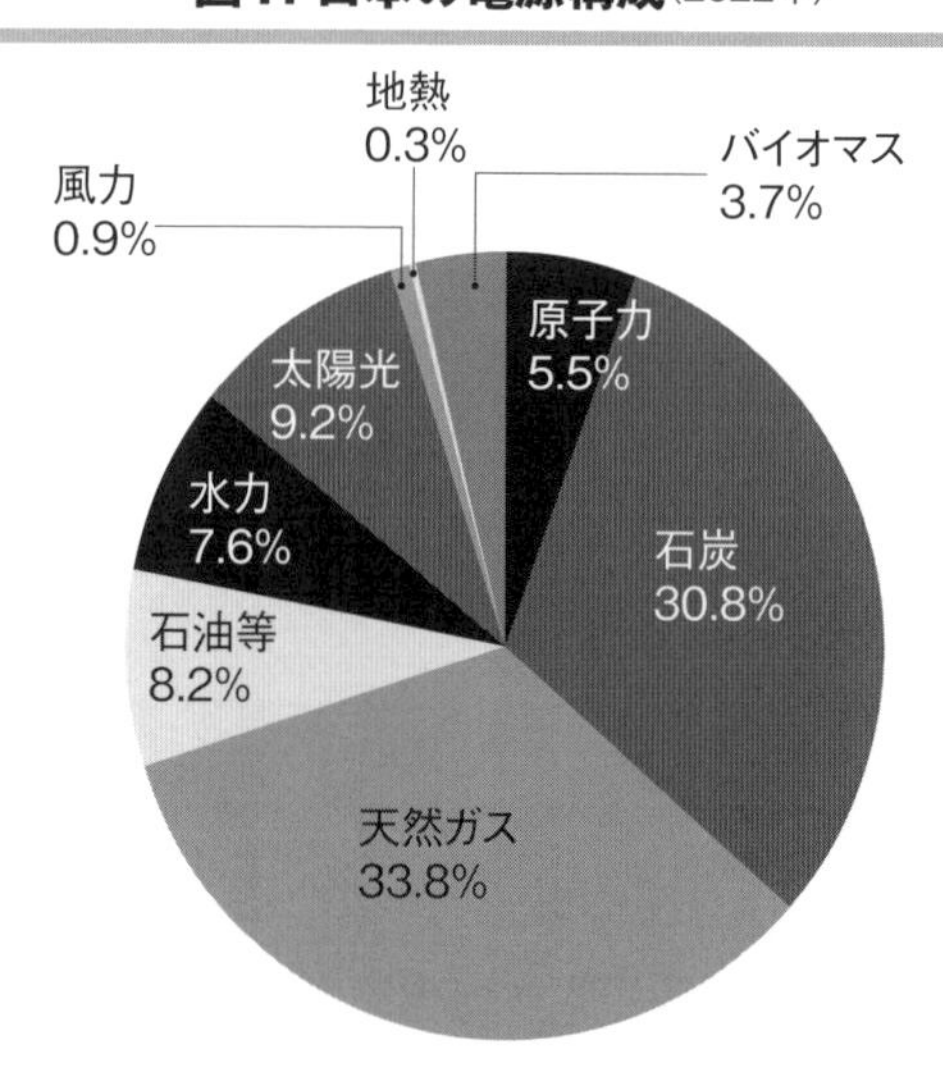

出所：資源エネルギー庁「2022年度におけるエネルギー需給実績（確報）」より作成

しかし、もともとこの試算には原発の事故時の対策費、たとえば地域に住む人々向けに発生する賠償額などは含まれていません。福島事故の後始末には法令を反故にして住民を被曝させながら、それでも100兆円に近い費用が必要とされています。それを考えれば、原発の発電単価は圧倒的に高くなります。おまけに、どうしたらいいかの方策すら見えない核のゴミの始末を考えれば、計算するのも馬鹿馬鹿しいほど高額になります。原発などに期待することの罪深さを思わずにいられません。

脱原発の意見に対して「代替案を出せ」は、もう無意味

国会の審議や自民党を無条件に支持する、プロかアマチュアか分からない人たちが徘徊するネットの世界では、野党の追及に対して「それなら対案を出せ」という高圧的な意見をよく耳にします。新聞などでも同

図2. 電源別発電コスト(2020年)

(円/kwh)

LNG火力	10.7
石炭火力	12.5
原子力	11.5~
陸上風力	19.8
事業用太陽光	12.9

出所：資源エネルギー庁「発電コスト検証について」(2021年)より作成

じような主張をよく見かけますが、おかしな話です。政府案、自民党案と言っても、大半はそれなりに優秀で、多額な税金で雇われている官僚が、多額な税金を使いながら作ったものです。それに対し、官僚組織などのシンクタンクを持たない野党には、対案を出せる条件がありません。それを知りながら、「対案を出せないなら、賛成しろ」と言っているようなものです。

野党の第一の責務は、対案を出すのではなく、政府が提出した予算案をはじめとする政策案を徹底的にチェックし、追及することです。それが責任ある野党の第一の役割です。時々変な野党が対案を出したりしますが、その内容といえば政府案に毛が生えたようなものばかりです。電力会社を筆頭に、原子力マフィア関連の大企業の労働組合が多い「日本労働組合総連合会」（連合）は今や、与党の一部みたいな存在に成り下がってしまいました。

原発問題でも、同じような構図があります。原発に反対や脱原発、あるいは私のように原発廃絶を唱えると、原子力マフィアの側から、「そんなことを言うなら電気を使うな」という意見が突きつけられます。そしてよく言われるのが、「原発に反対するなら代替案を出せ」です。もはや原子力の電源割合は**図1**のように、「その他」に近いものですから、私はこう答えます。

「原発を即刻廃絶しても、何も困りません」

耐用年数40年の原子炉を、最長70年まで延長するという暴挙

原子力小委員会（経済産業省）は２０２２年12月、「今後の原子力政策の方向性と実現に向

けた行動指針」を打ち出し、以下のような6項目の実現を図ることを明らかにしました。第4章でも触れましたが、原子力政策の大転換というべき方針なので、もう少し解説を加えたいと思います。骨子は以下のようになります。

①再稼働の促進　②運転期間延長・設備利用率向上　③原発建設　④再処理・廃炉・最終処分の推進　⑤原子力サプライチェーン（原発の原材料であるウランの調達、原子炉の製造・管理など）の維持・強化　⑥国際的共通課題への貢献

福島第一原発事故以前に戻るだけでなく、さらに原発推進を図ろうとする原子力マフィアの暴走、夢物語のような方針です。しかし、全項目が原発の危険に頬かぶりするものであり、もちろん私はその全てに反対します。

①は能登半島地震が影響して、再稼働の条件はハードルが少し高くなりました。④は六ヶ所再処理工場の運転強行を目論むものですし、⑤は原子力産業の利権保持、⑥には原発の輸出が含まれます。

この中で意外と軽視され、そして原子力マフィアがどうしてもしがみつきたいのが、②の運転期間延長です。

福島原発事故以降、原子力規制委員会は「発電用原子炉が運転できる期間は40年とする。ただし、原子力規制委員会の許可を受けて、1回限り、20年を超えない範囲で運転を延長できる」というルールを決めました。それが今回の指針では、原子炉が停止中は運転期間に含めず、た

とえば10年停止していれば70年まで使用できるとしたのです。原子炉容器の劣化は、運転中に中性子の照射を受けることが最大要因です。でも、運転停止中でも原子炉容器以外の機器の劣化は進み、しかもその劣化具合を正しく判定できないのが現実です。どんな機械も時とともに劣化します。自家用車でも家庭の電化製品でも、40年も使い続けようというものがあるでしょうか？　40年前に作られた飛行機に乗ろうと思う人はあまりいないでしょうし、ましてや原発は超危険な機械です。そんな機械を当初考えた耐用期間を超えて使い続けようと思うことは、初めから間違っています。

2050年に原発比率30パーセントを目指すのは、もはや時代錯誤

原子力規制委員会はそれに対し、「延長はあくまでも安全性を前提にする」と主張します。誰が安全性をチェックするかと言えば、原子力規制委員会です。しかし、原子力マフィアの意向に従順な原子力規制委員会に安全性のチェックを委ねるなど、怖くて到底認めるわけにはいきません。

原子力小委員会の山口彰委員長が、「2050年までに原発比率を30パーセントにする」と言っていることが、新聞やテレビで報道されました。原発1機の平均発電量は約100万キロワットですので、原発比率30パーセントにするには65～78基の原発が必要になります（「原子力資料情報室通信」第582号）。

再稼働している原発は2024年4月現在、12基（2基は停止中）にすぎません。現実的に考えれば原発比率を30パーセントにすることなど、不可能です。だからこそ、とりあえず再稼働を進め、耐用年数を伸ばして時間稼ぎをしておこうという魂胆（こんたん）なのでしょう。

このような暴挙、暴論に力を与えているのが、「地球温暖化を防ぐために化石燃料を使わない世界にしよう」という考えです。原子力マフィアはこれを利用して声高に、「地球温暖化を防ごう」「原発はクリーンエネルギー」という宣伝を繰り広げています。もちろん彼らには、地球温暖化を防ごうなどという高尚な志はなく、原発がクリーンでないことも知っているはずです。しかし、多くの善意の人々は原子力マフィアの言葉に、「地球の温暖化が防げるなら、原発も仕方ないか」と思いがちです。しかし原発はクリーンなエネルギーなどでは全くなく、地球温暖化の原因とされる二酸化炭素の排出減にも貢献しないことを、これから説明していこうと思います。

原子力で地球温暖化を防ぐなんて真っ赤なウソ。原発も核兵器も、地球環境の敵

地球の温暖化は、単純な理由によるものではない

「地球の温暖化が、人類にとっての最大の問題である」と言われ、「その原因は二酸化炭素（CO_2）を中心とする温室効果ガスであり、二酸化炭素の放出を減らすためには化石燃料への依存をやめ、二酸化炭素を出さない原子力に切り替えなければならない」と、国内外の原子力マフィアによって宣伝され、その考えは多くの人に浸透しています。でも、それは本当に科学的な見解なのでしょうか。

まず、お伝えしておきたいのは、二酸化炭素を単純に「悪者」扱いするのは間違っているということです。植物は二酸化炭素と水を原料に、太陽の光エネルギーを使って光合成を行っています。この光合成が植物自体が生きるもとですし、光合成反応が酸素を生み出すことによって、地球上全ての生き物の生存を支えているのです。ブラジル・アマゾンの熱帯雨林は膨大な量の二酸化炭素を吸収し、酸素を生み出す役割を果たしています。その熱帯雨林は地球上の酸素の20パーセントを供給しているという説もあります。その割合はともかくとして、二酸化炭

素があるからこそ、私たちが生きていられるのです。

人類による化石燃料の消費が急速に進み、二酸化炭素の放出量が激増したのは20世紀後半のことです。その一方で、現在観測されている地球の温暖化現象は、すでに19世紀初頭から始まっていることを、米国科学アカデミーなどが報告書にまとめています。つまり人類による二酸化炭素の放出とは無関係に、地球の自然現象として温暖化は起きていると考えられます。二酸化炭素を特別に問題視するＩＰＣＣ（気候変動に関する政府間パネル）ですら、「20世紀後半の温暖化に限って、二酸化炭素が主因だ」としているのです。

確かに20世紀後半の温暖化の原因の一部に、人類の諸活動があると私も思います。しかし、人類の諸活動によって生み出されるのは二酸化炭素だけではありません。

たとえば、大気の80パーセントを占める窒素は、酸素とともに人間を含めた生物の存在に絶対不可欠な物質ですが、化学肥料や工業原料として人工合成された「反応性窒素」は利用後に大気に排出され、地球温暖化の一因になっています。さらに水田の米作りの際に発生するメタンは二酸化炭素の28倍もの「温室効果」があるとされますが、その発生量を抑えるため、農業者は夏場に水田の水を抜く「中干し（なかぼし）」という作業期間を延長させる策を講じるようにもなっています。

「温室効果」の最大圧倒的な気体は、大気中の水蒸気です。その挙動の数量的解明すらできていません。そんな状態で、温暖化の原因を二酸化炭素だと特定するのは科学的ではないというのが私の見解です。

地球は大変複雑な「系」で、大気の温度も大きな変化を繰り返してきました。人類が誕生する以前の中生代は現在より高温でしたし、新生代に入ってからは大きな氷河期を4回体験し、現在は4回目の氷河期が終わった温暖期に位置付けられます。最近150年間の温度上昇は0・8度ですが、過去の氷河期とそれが終わった温暖期の気温には10度もの違いがあるのです。それでも人類を含め地球上の生命は生き延びてきました。人間は天候、気候、気温の変化に対してもともと無力です。でも、人間も他の生物も、それらに合わせるように生き延びてきたのです。その謙虚さを忘れて、人間は自然を征服しようとし、挙句の果てに手にしたものが原子力です。

原発を稼働させれば、膨大な二酸化炭素を放出する

少し前まで国や電力会社は、「原発は二酸化炭素を放出しない」と得意げに口にしていました。私はそのまやかしを、機会があるたびに指摘してきましたが、彼らは今、「原子力は、発電時に二酸化炭素を放出しない」と表現を変えています。「発電時に」という断り書きを入れたのです。

原発を動かそうとすれば、ウラン鉱山でウランを掘る段階から、燃料を作り上げるまでにたくさんの工程が必要で、膨大な資材とエネルギーを投入しています。それらは大部分が化石燃

料を使って賄われていますので、原子力を利用しようとすれば二酸化炭素の放出は避けられません。

原子力発電所・原子炉自体、鋼鉄とコンクリートで作られる巨大な構造物ですから、それを建造し、運転するためにも二酸化炭素を放出することになります。したがって、「発電時に」という言葉を追加してもなお、この宣伝は誇大広告です。科学的に正しく表現するなら、「核分裂反応は、二酸化炭素を放出しない」とするべきでしょう。しかし、これで安心などはできません。核分裂は二酸化炭素の代わりに核分裂生成物、いわゆる「死の灰」(放射性廃物)を大量に生み出すからです。

地球温暖化という意味で見逃せないのが、原発から排出される「温廃水」です。原発という機械は、派生させた熱のうちたった3分の1の熱しか電気に変換できません。たとえば、標準的な原発(出力100万キロワット)では、原子炉の中で300万キロワット分の熱が発生していますが、発電に使われるのはその3分の1の100万キロワットで、残りの200万キロワット分の熱は温廃水として海に捨てています。その上、それにはさまざまな放射性物質も希釈されて流されますし、配管に付着する貝の幼生などを殺すための化学物質も含まれています。つまり、その水は単に温排水なのではなく、放射性物質を捨てるための希釈水でもあり、その作業をする前に必然的に化学物質を含んだ汚れた水で、私は温廃水と呼んできました。

それはさておき、100万キロワットの発電所が1基動くと、1秒間に70トンの海水の温度を7度上げます。1年間にすれば20億トンになります。もし、福島第一原発事故前のように50基の原発が動いていれば、1年間に1000億トンもの温廃水を海に流すことになってしまいます。今、地球温暖化が問題とされ、海水温度が上がっていると言われていますが、日本の原発が動いていた福島第一原発事故以前、日本の海は異常な温かさになっていました。

地球上の二酸化炭素のほとんどは海水中に溶け込んでいて、温暖化の原因は海水温度の上昇にあるとされていますが、海に流れ込んだ世界各地にある原発の温廃水が地球の海の温度を上げている一因です。それに対し火力発電では50パーセント以上の熱効率を実現しており、海に捨てる熱ははるかに少ないものになっています。

「核のゴミ」を、深さ300〜1000メートルの地下に埋め捨てるという愚策

放射性廃物を管理する期間は、最長24万年以上になる

原発1基（出力100万キロワット）を1年運転するごとに生み出す核分裂生成物は、広島原爆1000発分に相当します。繰り返しになりますが、この放射性廃物を無力化する力は、人間にも環境にもありません。放射性廃物から生命環境を守るには、どうすればいいのでしょうか。その策は、ほとんどないのが現実です。放射能自体がその寿命によって減るまで、「隔離」するしかないのです。

1966年に日本で原発の運転が始まって以来、今日まで生み出された放射性廃物の量は広島原爆120万発分に相当します。その処分方法として国は地下に埋めるという案を提示していますが、こんな危険なことはありません。なぜなら日本列島は活断層の上に乗っているようなもので、ひとたび地下の断層を揺り動かすような大地震に襲われれば、たとえ厳重に保管されていたとしても、膨大な高レベル放射性廃物が環境に飛び出してくる恐れがあります。そうなれば万事休すです。そこで私は、人間の監視の目が届くよう地上に保管することを提案して

います。

高レベル放射性廃物に含まれる放射性核種の寿命はそれぞれで、放射能の強さが１０００分の1になるまで、代表的な核分裂生成物であるセシウム１３７で３００年、長崎原爆の材料になった人類史上最悪の物質プルトニウムで24万年かかります。半減期が１６００万年であるヨウ素１２９が１０００分の1になるまでには、1億６０００万年かかります。

その管理責任の全部を、「あとのことは、任せますよ」と、はるか未来の人たちに負わせることになります。全くもって無責任極まりない話です。原子力マフィアは、原発は運転中に排出する二酸化炭素が火力発電所より少ないなどと言っていますが、高レベル廃物を管理する期間に消費されるエネルギーと放出される二酸化炭素の量は、一体どれだけになるか想像もつきません。

二酸化炭素が地球温暖化のひとつの原因だとしても、それに代わる原発がよりよい選択にならないことは明らかです。二酸化炭素は動植物の生命の維持には欠かせない物質ですが、放射性廃物は役に立たないどころか、「超危険な毒物」です。核兵器を含めて最悪のことを考えれば、人類と地球の滅亡にもつながりかねない毒物を生まないことを最優先し、二酸化炭素による温暖化の弊害を受け入れつつ化石燃料を活用し、自然エネルギーの比率を高めていくのが未来に向けた人間の知恵というものです。

地震大国の地下は、地上より危ない

資源エネルギー庁のデータ（2023年）によれば、使用済み燃料で国内貯蔵しているのは1万9000トンで、その全てが核のゴミ、放射性廃物と言えます。貯蔵容量は2万4000トンです。英国、フランスに再処理を委託してできた高レベル放射性廃物は今、青森県六ヶ所村の「高レベル放射性廃棄物貯蔵管理センター」に一時的に貯蔵しています。でも、そこもすでに管理容量いっぱいになっています。六ヶ所再処理工場はまだ本格稼働していませんが、もしそれが稼働し、高レベル放射性廃物を作り出すことになっても、その行き場がありません。

2000年5月に、「特定放射性廃棄物の最終処分に関する法律」が成立しました。ここにも、なんとも稚拙なごまかしがあります。「高レベル」という言葉を国は使いたくないようで、「特定」と言い換えています。高レベル放射性廃棄物からは、近づくと20秒で人が死ぬくらいの猛烈な放射線が出ています。そのような恐怖感を与えたくないために、言い換えたのでしょう。実は、私も言い換えを行なっています。「放射性廃棄物」とは呼ばず、「放射性廃物」と呼んでいます。何故なら、「廃棄物」とは駄目になったから棄てる物という意味ですが、環境には放射能を消す力がないので、放射能のゴミに限っては環境に棄ててはいけない廃物だからです。

法律ではこの放射性廃物を、深さ300〜1000メートルの地下に埋め捨てるのが唯一の方法と決められました。再処理後の高レベル廃液は、ガラス原料と混合してステンレス容器に流し込んだうえで固化します。ガラスは安定した物質と言われていますが、放射性物質からの発熱（表面温度200度以上）と被曝、放射性物質が崩壊すれば別の物質になることによる組成の変化などで劣化が進みます（図3）。

ステンレスは錆びにくい金属ですが、錆びないわけではありません。そのため容器をさらに厚い190ミリのオーバーパックで包むことになっていますが、炭素鋼は1年間で0・03ミリは錆びていきますので、6000年も経てばなくなってしまいます。あとは、剥き出しの放射能を地盤が閉じ込めてくれることしか期待できなくなるのです。

もちろんその期待は、ほぼ百パーセント達

図3. ガラス個体化ができるまで

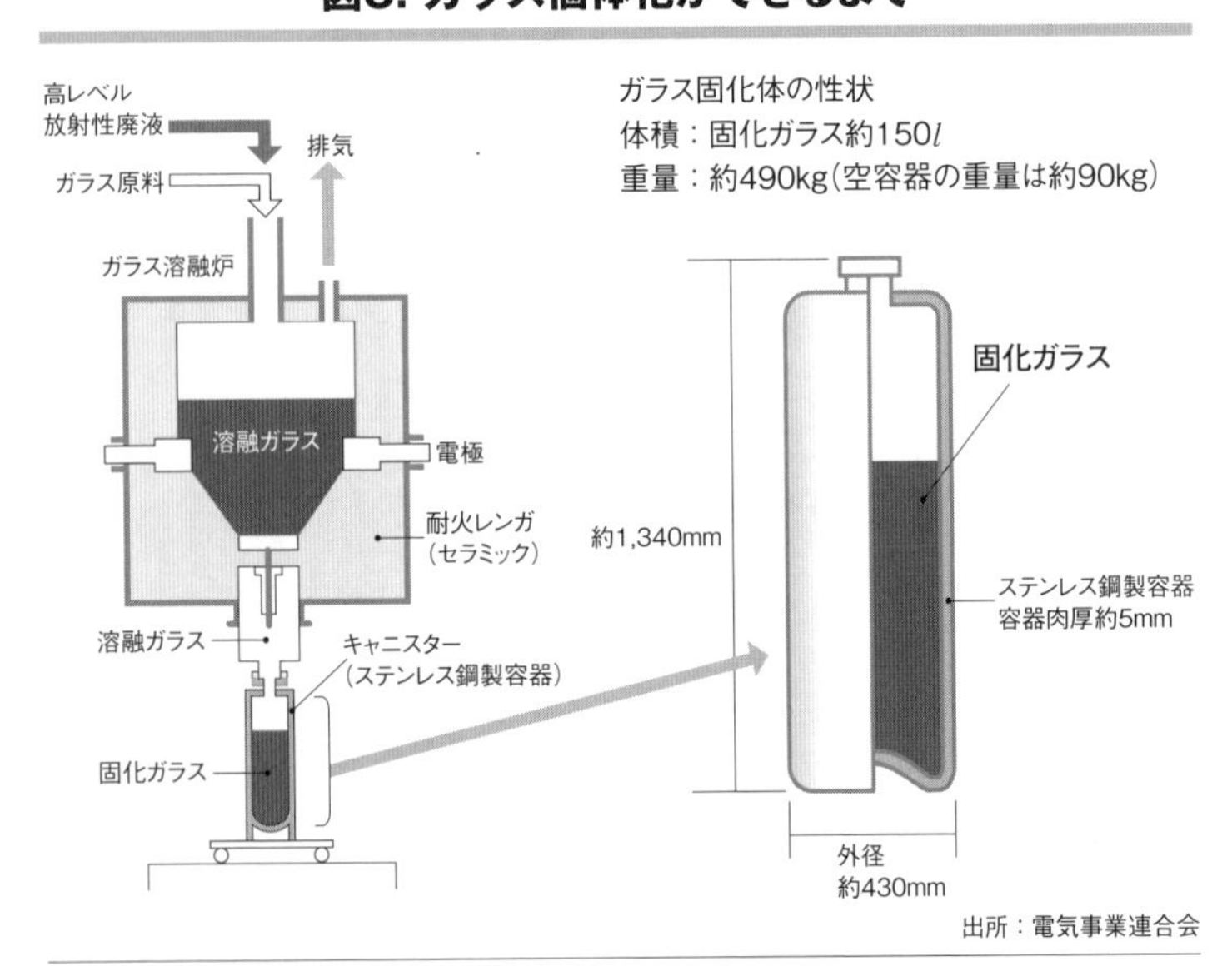

出所：電気事業連合会

成できないと予想するしかありません。第1章でもしつこいほど記した通り、日本列島は活断層の巣のようなところに陸地が浮かんでいて、しかもいつどんな規模の大地震に襲われるか分からない、世界一不安定な場所です。地層が大きく動き、処分場が危険にさらされるのは想定外ではなく、ほぼ確実なことなのです。

国や電力会社は「深地層処分」と呼んでいますが、深さ300~1000メートルなど、地球の半径6000キロメートルある深さと比べれば、薄皮のようなものです。地震は数キロメートルから数十キロメートルの深さから、岩盤を割りながら地表面まで断層を現します。こんな地震に巻き込まれたら、処分場などひとたまりもありません。

このように放射性廃物を地下に埋め捨てるのは、あまりにも危険なことなのです。

廃物処理に四苦八苦する、「トイレのないマンション」

ここまで高レベル放射性廃物について紹介してきましたが、高レベルがある以上、「低レベル」の核のゴミもあり、これらは毎日吐き出されます。一部は環境に放出され、放射性物質が付着したペーパータオル、作業着などは焼却し、廃液は濃縮したのちにセメントやアスファルトと混ぜて固化し、ドラム缶に詰めて原発内の敷地に保管します。その後、青森県六ヶ所村にある日本原燃「低レベル放射性廃棄物埋設センター」に運ばれ、コンクリートピットに埋設処分されています。

2021年11月現在、1号廃棄物埋設地には各原発で発生した濃縮廃液や使用済樹脂、焼却灰などをセメントなどで固化したドラム缶14万9435本、2号廃棄物埋設地には金属やプラスチック類などをモルタルで固めたドラム缶18万7712本が埋設されています（日本原子力文化財団）。

日本原燃は地面に穴を掘って、その中にコンクリート造りのドラム缶置き場を作りました。いっぱいになるとコンクリートで蓋をして、まわりを粘土で固め、上から土をかぶせます。しかし、地中は湿気が多いのでドラム缶は簡単に穴が開き、そこから放射能が漏れ出すので、敷地内に点検機を置いて常時監視しています。その期間は最短300年になると政府は説明していますが、こんなゴミを生んだ現在の電力会社はたぶん300年後にはないでしょう。300年前と言えば、江戸時代です。今の政府だって300年後にはすでになくなっています。

低レベル放射性廃物は、地下の浅い部分（数メートルから20メートルくらい）に埋設しますので、地震などで断層が動いたり隆起したりすれば埋設場に被害が及び、放射能が地上に放出される危険もあります。

原発は、後始末をろくに考えずに見切り発車した代物で、「トイレのないマンション」と揶揄され続けてきましたが、そのツケの一端を六ヶ所村民に負わせようとしています。

核のゴミの最終処分場は、東京・大阪など大都会に作れ

高レベル放射性廃物の地層処分は世界各国で検討されていますが、実際にはまだ稼働はしていません。フィンランドは何億年も安定しているカンブリア台地にある国で、オルキルオトに最終処分場を建設中です。スウェーデンも計画中です。

日本ではガラス固化体が、青森県六ヶ所村にある日本原燃再処理施設（2023年3月現在2176本）と、茨城県東海村の日本原子力研究開発機構の再処理施設（同354本）に貯蔵・管理されています。しかしこの2カ所はあくまでも中間貯蔵施設で、30〜50年間の保管後は運び出すことになっていますが、その搬出先はまだ決まっていません。

国は2017年7月、「高レベル放射性廃棄物」の要件・基準と科学的特性マップを発表しました。それを見ると、結果的に過疎が進行する地域を中心に狙われています。

処分地が決まるまでには、**図4**（268ページ）のような流れになります。すでに立候補し、文献データの段階3年目を迎えたのが北海道寿都町と神恵内村です。

2024年2月13日、最終処分地の選定を担う原子力発電環境整備機構（NUMO）は、両町村の文献調査の報告書案を公表しました。活断層や火山の問題はあるものの、次段階である土地を掘削して調べる概要調査（約4年）に進めるとしました。文献調査では活断層や活動の恐れのある火山について、私から見ると、「グレーだが真っ黒ではない」という恐ろしく乱暴な理由で、概要調査にゴーサインを出しました。しかし北海道の鈴木直道知事は、最終処分地の道内建設に反対の姿勢を今も崩しておらず、両町村も住民の賛否が拮抗していて、このまま

図4. 地層処分の立地選定プロセス

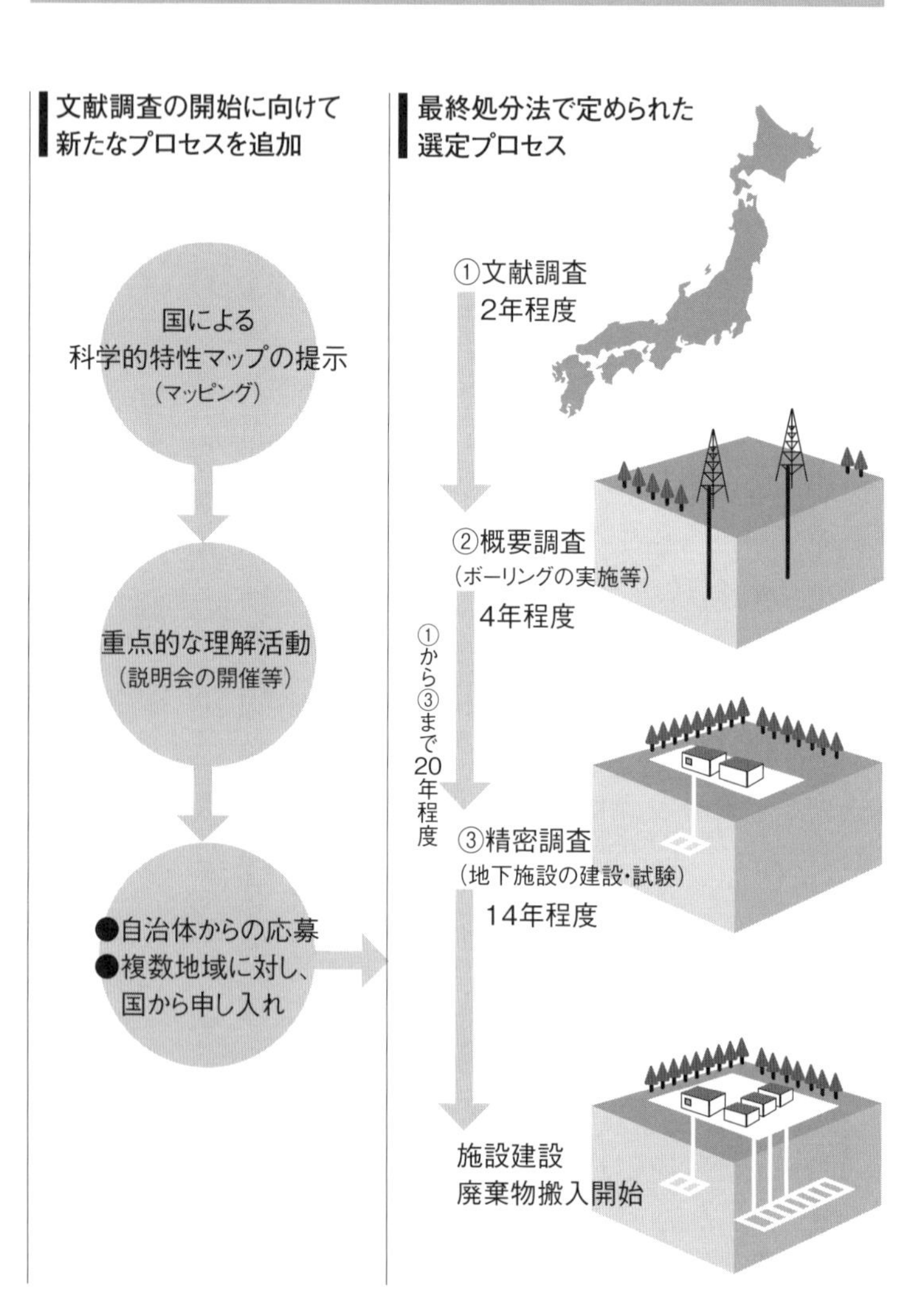

※各調査段階において、地元自治体の意見を聞き、これを十分に尊重する（反対の場合は次の段階に進まない）。

出所：資源エネルギー庁

すんなりと概要調査に入れるかどうかは分かりません。

この両町村には、文献調査で最大20億円の交付金が出ています。概要調査を受け入れれば、さらに最大70億円が交付されます。人口減が激しく高齢化も進み、24年度当初予算が寿都町の約54億円、神恵内村の約28億円が示すとおり十分な税収がない小さな自治体にとって20億円、70億円は確かに「はした金」ではないかもしれません。喉（のど）から手が出るほどの収入です。しかしこの2町村に、21年・22年度に分けて交付された20億円は、地元振興費やさまざまな人件費などに使われ、4～5年でゼロになってしまうと予想されています。そんなこともあり、両地域では賛否両論が未だに渦巻いていて、長年その地に住み、生活を共にしてきた町民、村民が分断されてしまいました。しかしこのようになった責任は自治体ではなく、国にあります。万一の事態を恐れ、核のゴミは都会ではなく過疎地に押し付けようと、国は躍起になっているのです。

私にはこのような押し付けが、過疎地の弱みに付け込んだ「差別」にしか見えません。過疎に悩む地域の困難を是正するためには、他の方法がもっとあるはずです。それを追求する責任を、国や北海道は何よりも優先的に果たすべきでしょう。私は原発の即時廃絶を求めていますので、地層処分場の建設にはもちろん反対ですが、たとえ廃絶されても「核のゴミ」が消えるわけではありません。それなら原発の運転によって大きな利益を受けた首都圏や大阪圏のどこかに、「核のゴミ最終処分場」を地上に作るべきだと思うのです。

長崎県対馬市では、「文献調査を受け入れる」請願が市議会で採決されましたが、比田勝尚喜市長は2023年9月27日、「文献調査を受け入れない」と表明しました。市民の反対が強く、市の水産関係の水揚げが年168億円、観光事業も180億円を超えた時期もあること、これ以上市民の分断を避けたいなどがこの表明の背景にありますが、賢明な判断だったと思います。

その比田勝尚喜市長は2024年3月3日の市長選挙で、文献調査受け入れを表明した対立候補を大差で破って再選されました。

文献調査については、九州で新しい動きもあります。

町内に九州電力玄海原発（佐賀県）が立地する玄海町議会に、地元3団体から出された核のゴミ最終処分場の「文献調査」の請願が出されたことについて佐賀県の山口祥義知事は、「新たな負担（最終処分場）については受け入れられない」と明言しています。町議会内では請願賛成派が多数派を占めていて、4月26日に請願は採択されました。これを受けて5月10日、脇山伸太郎玄海町長は調査を受諾すると表明しましたが、第二段階の「概要調査」には知事の同意が必要になりますので、今後の見通しは確かなものではありません。

原発は圧倒的に危険なものです。その上、最終処分場を過疎地に押し付けるなど、さまざまな差別を生み出す元凶です。何としても廃絶したいと私は思います。

ナチスを許した責任と向き合うドイツだから、脱原発を実現できた

福島第一原発事故が、脱原発の契機となったドイツ

福島第一原発事故以降、世界中が原発から撤廃を始めています（図5＝272ページ）。図は2021年度現在の構成比で、必ずしも現状を反映したものではありませんが、原発大国フランスが68・9％と群を抜いて高くなっています。ただし政府は、この割合を50パーセントまで縮減する方針を打ち出しています。ドイツは2023年5月、全ての原発を停止させました。ベルギーは2025年の全廃を模索し、台湾も全6基を全廃の方向です。図にはありませんが、再生エネルギーの拡大に取り組むスペインでは、原発が姿を消すのもほぼ間違いないでしょう。

日本の場合、図5の原子力割合では6・8パーセントですが、2022年の資源エネルギー庁のデータ（図1）では5・6パーセントに低減しています。このままゼロに向かえばいいのに、世界の原発撤廃の流れに抗して、国や各電力会社は停止原発の再稼働や原子炉の耐用年数の大幅延長などに躍起になっています。その振る舞いはもはや、時代錯誤としか言いようがありません。

図5. 主要国の電源別発電電力量の構成比(2021年)

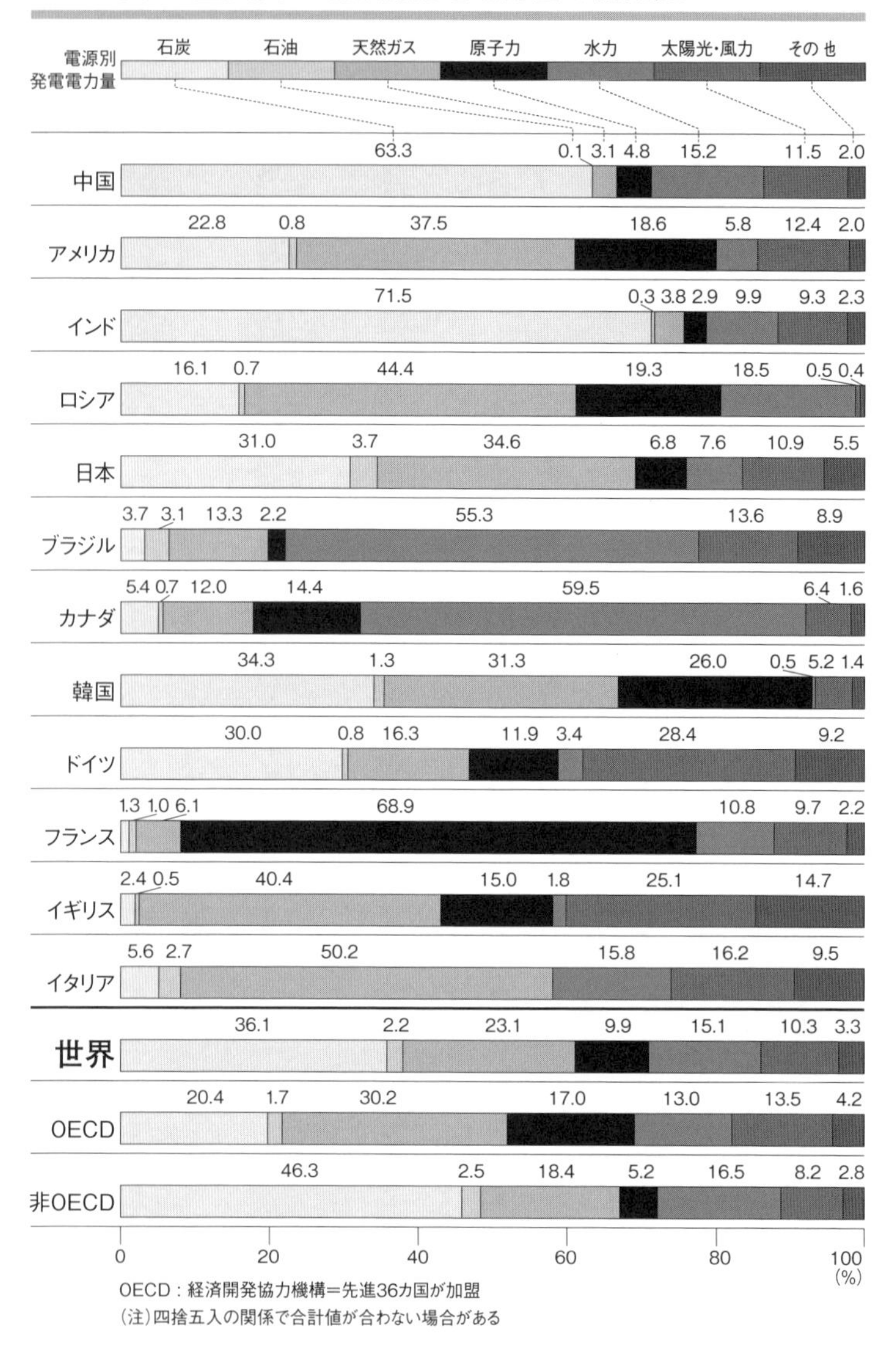

OECD：経済開発協力機構＝先進36カ国が加盟

(注)四捨五入の関係で合計値が合わない場合がある

出所：エネ百科「原子力・エネルギー図面集」(Energy institute Statistical Review of World Energy)

各国が原発から撤退しつつある背景には、貧弱なウラン資源、成り立たない経済性、破局的事故への恐れ、放射性廃物の処分に見通しが立たないことなどが負担となってきたことなどが考えられます。一部に原発回帰の動きはあるものの、ヨーロッパの原子力を牽引してきたフランスですら、現在のところ新たな原発建設計画はありません。その流れに抗するように、小型原子炉などの開発話がシャボン玉のように浮かんでは消えていきます。経済的、技術的な面からも、今後は原発を新設することはますます難しくなるでしょう。マスコミは盛んに持ち上げていますが、原発死守を図る原子力マフィアのアドバルーンにすぎないと、私は思います。

原発即時廃絶を望む私にとって、ドイツの動きはとても参考になります。

福島第一原発事故当時、ドイツを率いていたアンゲラ・メルケル首相は、社会主義国時代の東ドイツで物理学の研究者として働いていたことがあります。原子力発電についても推進の立場を取り、「再生エネルギーが普及するまで、原発の役割は大きい」と語るほどでした。私も原子力に夢を抱いた研究者の一人として、メルケル首相の言葉と心情を十分に理解できます。

しかし2011年6月9日、メルケル首相は連邦議会で次のような演説を行いました。要約してお伝えします。

「福島第一原発事故は、私個人にとっても強い衝撃を与えました。大災害に襲われた福島第一原発で、事態をさらに悪化するのを防ぐため、海水を注入して原子炉を冷却しようとしていると聞いて私は、『日本ほど技術水準が高い国も、原子力のリスクを制御できない』ことを理解しました」

「新しい知見を得たら、必要な対応を行うために新しい評価を行わなくてはなりません。私は次のようなリスク評価を新たに行いました。原子力のリスクは、人間に推定できる限り絶対に起きないと確信を持てる場合のみ、受け入れることができます」

「実際に原発事故が起きた場合、被害は空間的・時間的に甚大かつ広範囲に及び、他のすべてのエネルギー源のリスクを大幅に上回ります」

「私があえて強調したいことがあります。私は昨年(2010年)秋に発表した長期エネルギー戦略で、原子炉の稼働年数を延長させました。しかし私は今日、この連邦議会の議場ではっきり申し上げます。福島第一原発事故は、原子力に対する私の態度を変えることになったのです」

メルケル首相の演説は、自己批判と言ってもいい内容です。もちろんその内容に私は共感しますが、このような真摯(しんし)な言葉遣いをする政治家が世界にまだいることに、少なからず安堵も覚えます。

戦争犯罪を追及するドイツと、うやむやにする日本

ドイツの原子力推進のエネルギー政策は、メルケル首相に加え連立を組む「緑の党」によって、「脱原発」に大きく舵(かじ)を切ることになりました。2022年までに原発を全廃することを法制化したのです。実際、メルケル首相は稼働していた17基の原発を段階的に停止させ、2023

年に最後の3基が送電網から切り離され、脱原発が完成しました。2022年段階の電源割合で原発は6パーセント、再生可能エネルギーが45パーセントとなっていて、原発が全廃されても、それほど大きな影響はないでしょう。実際、労働力不足などさまざまな問題を抱えつつも、名目国内総生産（GDP）で日本を抜いて3位になるなど経済は堅調です。原発がなくても、経済には大きな影響がないということも明らかになりました。

ドイツができたのだから、日本でも脱原発を実現しようという機運が高まるかと言えば、残念ながらそう簡単な話ではありません。この国の政府には、原発を放棄するプランはないように見えるからです。このようなドイツと日本の違いは、一体どこにあるのでしょうか。

簡単に言うのは間違いだと思いますが、要するに戦争責任をどうやって取ったかに繋がっていくのです。ドイツではナチスの罪と、ナチスの蛮行を許したドイツ国民がどうやって責任を取るかについて、ずっと考えてきています。ネオナチのような極右集団もいますが、大半のドイツ人はユダヤ人を大量殺戮（さつりく）した罪を自らに問い続けています。戦後、姿を消したナチス幹部の摘発にも取り組んできました。

日本はどうでしょうか。最高指導者である天皇の戦争責任を問わず、戦争指導者の一部は裁かれたものの岸信介など大半の政治家は恩赦され、中国や韓国をはじめとするアジア諸国を侵略した責任もうやむやにして、歴史の改ざんをすることすら平気です。この国には、「罪」とか「責任」という概念がないとしか言いようがありません。その代表的な集団のひとつが原子力マフィアで、福島第一原発のような事故を起こしても、誰一人として責任を取るつもりがないのです。被災した住民がやむを得ず提起した裁判でも、無責任な姿勢は悪い意味で一貫しています。

ドイツが実現した原発廃絶を、日本ではできないのか

原発を許可したのは、原子力マフィアの一員でもある自民党です。福島第一原発事故以降、原子力推進の旗を振って歩いた自民党の政治家で、「自分が間違っていた」と謝罪したのは、私が知る限り小泉純一郎さんと中川秀直さん（元・自民党幹事長）くらいです。メルケル元首相のように、自分の責任を見つめ、誤りを正すために政策の大転換をする覚悟も持たない政治家が、今度はこの国を無意味な戦争に巻き込むような愚策を次から次へと打ち出しています。憲法すら有名無実化させ、自分たちの利権のために好き勝手をやろうとしているのです。

裏金をちゃっかり懐に仕舞い込んで税金も払わない一方で、声高に「愛国心」や「国防」を口にする自民党やその取り巻き政党の政治家たちの姿は目に余ります。もちろん自分や家族が戦争に参戦するつもりはないのでしょうから、気楽なものです。敵地攻撃などという馬鹿げたことを考える一方で、自国の原発は攻撃されることを想定していない能天気ぶりで、責任ある姿勢とはいえません。国民の普通の生活、平穏な人生を最優先で守ることこそが、本当の意味での「国防」でしょう。国民を煽るような無意味な言葉を吐き出すのは、もういい加減にやめてもらいたいものです。

見出しのタイトルには、「日本もドイツに続いてほしい」という私の希望を込めました。しかし、この無責任国家にドイツと同じことを望むのは無理かもしれません。自民党内閣に期待するのが無理なら、原発の即時廃絶を求める小さな声を集めて原子力マフィアの耳を劈(つんざ)くような「大音声」にし、数少ないかもしれませんが、山本太郎さんのような心ある政治家を支えて、政治を動かすのもひとつの方法です。

本当に大切なものを優先して考える

1986年に起きたチェルノブイリ(旧ソ連・ウクライナ)原発事故で、ドイツは農産物をはじめとして深刻な被害を受けました。この事故を受けてドイツでは、原発の技術的な安全問題を考える委員会とは別に、倫理問題を考える倫理委員会ができました。その委員会が、「原子力をやれば、どんなことをしても核のゴミを残す。それを後世に残すことは倫理に反する」ので、「原発はやめるべきだ」と提起したのです。この問題提起が、ドイツの原発全廃のスタートになりました。

ドイツの原子力産業の圧力を受けて、メルケル首相の姿勢はグラグラもしますが、戦争責任をどう考えるのかという倫理的な視点があったからこそ、脱原発という方針を貫くことができたのだと思います。しかし日本という国には、政治家だけでなくマスコミにも国民にもこの視点が決定的に欠けています。何とも難しい国と言えますが、あきらめるわけにはいきません。

小泉今日子さんや吉永小百合さん、すでにお亡くなりになりましたが木内みどりさんなど、この国の女性俳優には気概のある人が少なくないようです。若い読者は知らないかもしれませんが、山田五十鈴（1917〜2012年）という大女優がいました。

戦後の1950年ごろ、この国でもレッドパージという左翼系の活動家を社会の仕組みから追放する馬鹿げた風が吹きまくりました。映画スターの山田五十鈴さんは新劇俳優の加藤嘉さんと結婚したことで、「アカくなった」と非難されるようになります。「アカ」とは、戦前から日本共産党や社会主義者、時には自由主義者や宗教者など、当時の国家体制に抵抗を試みる人たちを差別・抑圧することに使われた言葉でした。もちろん、山田五十鈴さんはそれを知っていたのでしょう。突きつけられた非難に対して、こう答えるのです。

「貧乏を憎み、誰でもまじめに働きさえすれば、幸福になれる世の中を願うことがアカだというなら、私は生まれたときからアカもアカ、目がさめるような真紅です」

何と、小気味のいい言葉でしょうか。まるで映画の中のセリフのようですが、私はこの言葉に確固とした思想と倫理を見るのです。映画スターとしての地位や人気よりも、人間として本当に大切なものを優先したのでしょう。

東京五輪に反対するのは「売国奴」か？

本当に大切なものを、簡単に捨てるわけにはいきません。私は原発だけでなく憲法改悪や戦争にも反対しています。戦争推進派（戦争屋）たちは、着々と戦争の準備を進めてきました。そして、それは必ず個人の人権や生き方、思想信条に国が手出しをするような風潮から始まります。この国に暮らすたくさんの人たちのかけがえのない人生が、戦争屋の利益のために崩れ去るようなことを許したくありません。

福島復興の妨害にしかならない東京オリンピックに反対した時、「非国民！」と罵倒（ばとう）されたことがあります。避難先で大変な暮らしを送るたくさんの人々をないがしろにする東京オリンピックに反対の声をあげることが非国民なら、私は非国民であることを誇りに思います。国民には何の利益にもならないどころか、大きな犠牲を強いるだけの憲法改悪や戦争に反対することが「売国奴」なら、私は喜んで売国奴になります。この国の美しい自然や人々のつながりを破壊する原発の即時廃絶を求めることが「アカ」と言うなら、私のアカも「真紅」です。

誰が何と言おうと、もはや時代遅れの電力源になった原発を葬り去ることが、私の願いです。万一、電力不足になった時の備えは必要ですが、その備えの基本は、「電力をできるだけ消費しない生活」の中にあります。

人類は地球の資源を浪費している。このままでは生命環境を破壊するのが確実

産業革命以降、絶滅種が拡大している

地球は46億年前に生まれたと言われますが、当初は酸素がなく膨大な放射線も飛び交っていたため、生命が存在できる環境ではありませんでした。その後、数億年経つうちに空気と水が生まれ、ようやく生命が誕生します。それは40億年前のことだとされています。その後、数多くの生物種が生まれては絶滅しながら歴史を刻んできましたが、人類と呼ばれる生物種が生まれたのは約700万年前、その人類のうちでも現生人類の祖先であるホモサピエンスの誕生は20万年前だそうです。種である以上この人類も、いずれかは絶滅する宿命を負っています。

生物体として「人」は、生命を維持するために食物として1日約2000キロカロリーのエネルギーを必要とします。人類はほぼそのようなレベルのエネルギーで生き延びてきました。その人類が農耕を始めたのは約1万年前、文字に書かれた歴史が現れるのはせいぜい5000年前のことです。その頃には、一人ひとりが消費するエネルギーが急増します。しかし、エネルギー消費の爆発的な拡大が始まったのは、今から250年ほど前の18世紀後半、英国で産業

革命が起こってからです。

　地球に絶大な恩恵をもたらしているのが太陽ですが、地球との距離が今より近ければ燃え尽き、遠ければ氷の星になったと言われています。実に的確な距離が設定されたというわけです。

　この太陽の恵みに育まれ、地球上には膨大な生物種が生まれました。その数は動物・植物合わせて約１５０万種ですが、未確認の生物種も多く、おそらくは６０００万種に及ぶとの説もあります。私は最近、農業の真似事を始めているせいか、その全ての生物種が愛おしくなるのですが、近年になって多数の生物種が絶滅に追い込まれるようになってきたことを心配しています。それは産業革命以降の人類の膨大なエネルギー消費と、軌を一にして進行しているのです（図6）。

図6. 急カーブで進行する種の絶滅

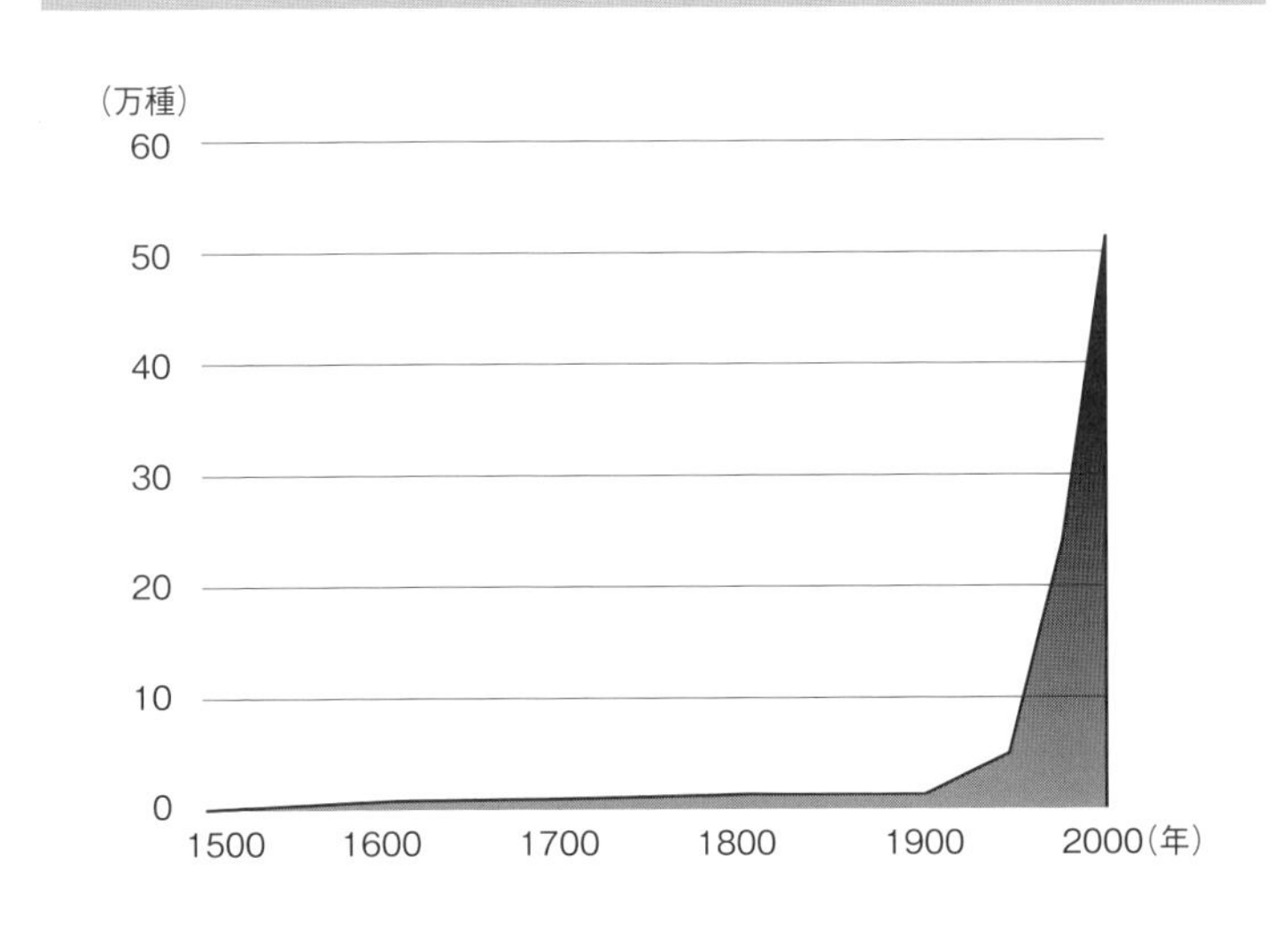

出所:エルンスト・フォン・ワインゼッカー「地球環境政策」、有斐閣(1994年)のデータより作成

エネルギーの浪費を続ければ、人類絶滅の恐れも

人間と他の生物の間にはさまざまな違いがありますが、大きな違いのひとつは人間が火や道具を使うところにあります。それが人間の活動範囲を広め、消費するエネルギーも増えるのは仕方ないところです。しかし地球は多様な生物がそれぞれを支え合いながら、生命環境を形作ってきた星です。

人類は大量のエネルギーを消費する生活を手にしましたが、生物種を絶滅に追い込むような生態系の破壊の結果は、いずれブーメランのように人類に跳ね返ってくることになります。人類自身の絶滅につながるのです。

地球の歴史を1年とし、元旦に地球が生まれたとすれば、生命が誕生したのは2月下旬、人類が誕生したのは大晦日の10時半、ホモサピエンスの誕生は23時40分です。産業革命以降の200年は大晦日の夜11時59分59秒になります。つまり1年のうち残すところあと1秒というところで、私たちは生きているのです。しかし、人類の歴史700万年に比べると、産業革命以降の時間の長さはわずか0・004パーセントにしかなりませんが、この250年で人類が消費したエネルギーは、人類が700万年の歴史の中で消費した全エネルギーの6割を超えます。

地球から見れば新参者の一生物種にすぎない人類が、我が物顔で膨大なエネルギーを使うよ

うになったわけです。その結果、さまざまな公害、薬害、大気汚染、環境ホルモン、二酸化炭素による地球温暖化など、多様な形で環境破壊が進んでいます。化石燃料を発見して使いまくり、足りなくなったからと原子力発電（原発）にも手を出す始末です。原発も環境破壊の大きな原因になっていることは、本章でも紹介してきました。

このようなことでは、そう遠くない将来に人類自身が生存可能な環境を破壊するかもしれません。人類は自らを「万物の霊長」と名付けましたが、霊長とは程遠い愚かさのために、絶滅する危機がもう目前に迫っているのです。とすれば、人類が何とか生き延びるためには、環境を破壊するようなエネルギー消費を止めるしかありません。欲望のままに電力源を振り分けるのではなく、地球の資源を浪費する生活を改める時期がきたようです。

「自分のことで精一杯。人類の未来のことまでに考えが及ばない」のが普通かもしれませんが、未来を考えない現在より、未来を考えるような現在、今を生きるほうが楽しい気もするのです。

いのちを引き換えに手にする〝快適な生活〟を、いつまで続けますか

自分たちが食べる野菜は、自分たちが作る

京都大学原子炉実験所は、街中に原子炉を置くことはできないので、大阪府泉南郡熊取町という和歌山との県境にありました。ここは大阪湾に近いので湿度が高く、とても蒸し暑い町でした。暑いのが苦手な私にとって、ここで過ごした41年間は辛いものでした。定年退職したら、ともかく自分の好きな場所で暮らしたいと思っていました。連れ合いも私と同様、東京生まれの東京育ちですが、「東京には戻らない」ことでは意見が一致していました。

どこか涼しい小さな町に行こうと候補地を探し始めたのですが、新幹線が通るようなところだと「ミニ東京」みたいになってしまう。反対に、これから次第に老いて行くことを思えば本当の田舎では暮らせなくなる。それなりにライフラインがあり、歴史もある文化的な町を探しました。その上、私は山が好きですし、もし街に温泉があるならなおいいと思いました。そうして候補地を絞っていき、最後に長野県松本市に辿り着きました。

私は少年時代、地質学に憧れて山をめぐり、石ころを集めて喜んでいたものです。同時にス

キーが趣味で、松本市に近い白馬山麓のスキー場にも馴染みがありました。年を取って登れなくなっても山の見えるところで暮らしたいと思い、松本市内で北アルプスの山並みが見える場所に小さな家を建てて、今はそこに住んでいます。

これまで原子力が脳みその大部分を占めていた生活を変え、できる限り自然に寄り添う生活をしたいと思い、自宅の屋根に太陽光の発電装置と太陽熱の温水器を付けて、電気は屋根から、風呂の湯は温水器からくるようにしました。

地下に水槽を作り、使った風呂の湯はそこで温度を下げてから畑で使います。自分たちで食べる野菜は自分たちで作ろうと、半分百姓の生活をしています。松本市の標高は600メートル以上あって涼しいので、冷房はほとんど必要ありません。冬の暖房は薪ストーブです。このように、なるべくエネルギーを使わない暮らしを心がけています。ひとりよがりと思われるかもしれませんが、私としては「隗(かい)より始めよ」の心境なのです。

これからは太陽を頼りにするしかない

これから数十年、長くて100年くらいは化石燃料に頼りながら行くしかないと思います。しかし化石燃料も、いつかなくなります。そこで、長い将来を考えるなら、なくならないエネルギーである太陽に頼るしかありません。太陽光発電はもちろんですが、風力発電にしても太陽のおかげで気圧の差ができ、風が発生することで成り立っています。地球上の自然現象のほとんどは、太陽が作り出しているわけです。

太陽は地球上の全部の化石燃料を集めた10倍以上のエネルギーを毎年、私たちに与えてくれています。その量は現在、人類が1年間に使っているエネルギーの1万倍くらいあります。この太陽エネルギーに頼るのが一番ですが、太陽は人間のためだけにエネルギーを与えているわけではありません。動植物から細菌まで、それこそ天文学的な数に達する「いのち」を支えています。この地球に根付いた貴重ないのちをどのようにして維持するかを考えると、なるべく環境破壊を起こさず、なるべくエネルギーを使わない方向に社会を作り変えていくことが必要になります。

人間や環境の力では解消できない「核のゴミ」を生み出す原発は、本書で繰り返し強調してきたようにクリーンエネルギーなどではなく、人間と環境に深刻な悪影響を与えるダーティーエネルギーです。福島第一原発事故で明らかになったのは、事故によって何千人という死者、何十万という避難者、何百万という被曝者を生み出したということです。いのちや被曝と引き換えに手にする「快適な生活」などに、どれほどの価値があるのでしょうか。私からすれば、こんな交換条件は全く割に合わない、合わなすぎると思うのです。原発は一刻も早く、日本だけでなく世界中から葬り去るしかありません。

人間にはできない「土の仕事」を知ると、何だか嬉しくなる

宮沢賢治さんは教師を辞めて、農民になりました。彼は研究も兼ねた転身でしたが、私の場合は楽しみながら農作業に精を出しています。毎日、土と野菜に向き合っていると感動の連続です。たとえばジャガイモを掘り出すと、茶色の土の中から真っ白なジャガイモがゴロゴロと出てくるわけです。そこでまたジャガイモを埋めておくと、そこから再びゴロゴロと出てくるのです。

土の力は本当に偉大です。農薬など使わなくても、土は人間が絶対にできない仕事をやってのけてくれます。それを知ることが嬉しくてなりません。農業者が水田を含めて土を大切にする気持ちがよく分かります。土の中には数多くの微生物が生存していて、それらが豊かな土壌を作り出しているそうです。しかも抗生物質を作る材料になる菌を始めとして、私たちのいのちを支えるようなさまざまな微生物が、土の中に生存しているというのですから、本当にありがたいことです。

地球は人間だけのものではないことを、農作業を行うようになってから改めて痛感しています。最近はクリーンエネルギーとして太陽光発電が注目されていますが、あまりにも広大な敷地を占有する大規模な施設だと、パネルの下に生息する生物がどうなるか心配になってきます。宮沢賢治さんの作品を読んでいると、動物や植物への視線がとてもあたたかいことに気づきま

す。私も「そういう者になりたい」と思います。

都会で生活している人には、ぜひこの自然の豊かさを知ってほしい。でも、都会はすでにコンクリートジャングルになっていて、土に触れる生活すら容易でありません。今の東京や大阪のような巨大都市を解体し、もっと地方に分散し、自然に触れて生きていける国土を作ることが必要だと思います。本書を読んでいただいた読者が、本当に快適な生活とは何だろうと、ちょっと立ち止まって考えてくださることを願います。

あとがき

戦争は廊下の奥に立っている

米国の科学者らが発表した「終末時計」によれば、地球滅亡まであと90秒とのことです。核戦争の危険が現実になりつつあった1947年に「残り7分」で始まった時計で、2023年はウクライナ戦争に際しロシアの核使用が懸念されたことを材料に、残り90秒まで短縮されました。

私は本文にも書きましたが、ロシアがウクライナに核使用する可能性はほとんどないと思っています。放射能の汚染地域はウクライナ国内のロシア系住民が多く住む地域や、ロシア国内に広がる恐れがあるからです。したがって90秒は象徴的な数字だと思いますが、核兵器（原子力）が人類滅亡の最大リスクであることは確かです。

こんな愚かしい核兵器の材料となるプルトニウムをせっせと溜め込むため、原子力発電所（原発）の再稼働、新設に突き進んでいるのが日本という国です。「核兵器製造なんて馬鹿げたことを、政府が考えているはずがない。誇大妄想ではないか」と揶揄（やゆ）されることもありますが、戦前の「大日本帝国」政府は、真珠湾攻撃時の1941年、日本の実質国内総生産（GDP）の5・4倍の米国、1・7倍の英国（OECD＝経済開発協力機構のデータ）を相手に無謀な戦争を仕掛け、完膚（かんぷ）なき敗北を喫しました。当時、わずかではありますが一部の政治家や軍人、経済学者が「馬鹿げた戦争だ」と考え、時には主張したにもかかわらず、戦争への流れを止めることは誰にもできませんでした。

新聞やラジオ、政治家、御用経済学者、教育者、経済人、そして国民がこの戦争を支持したのですが、その当時と今の世相がどこか似通ってきたように思います。安倍晋三元首相などは、「米軍の核兵器を共同使用しよう」とまで言ってのけました。これでは政治家というより、目先の利益しか頭にない「戦争商人」のようなものです。しかし、彼の発言を強く批判する政治家もマスコミも現れませんでした。

憲法を実体化させ、他者を思いやる社会を

日本国憲法を改悪しようという動きに、私は強い危機感を覚えています。憲法前文とともに第9条の「戦争の放棄」と「戦力の不保持」を私は全面的に支持しますが、その内実は真夏の日差しを浴びたアイスクリームのように、ものすごい勢いで融け始めています。

福島第一原子力発電所事故に巻き込まれ、多くの苦難を味わい、未だに味わっている人々のことを考える時、私の頭に思い浮かぶのは、憲法25条「すべて国民は、健康で文化的な最低限度の生活を営む権利を有する。」（一部略）と、同13条「すべて国民は、個人として尊重される。」（一部略）、同14条「すべて国民は、法の下に平等であつて、人種、信条、性別、社会的身分又は門地により、政治的、経済的又は社会的関係において、差別されない。」（以下略）という条文です。

これらの前文や条文を、政府は遵守する義務を負っているのです。遵守する誠意さえあれば、原発事故後の福島の人々の苦難に目を覆うことも、空疎な選挙演説にヤジを飛ばす個人を強制退去させるような無法もできないはずです。どこかの国で子どもたちのいのちを奪うかも知れない殺人兵器を輸出することも、第二次世界戦争中に多大な犠牲を強いた沖縄県民に在日米軍基地の70パーセントを押し付けたうえ、中国を「仮想敵国」に祭り上げた戦争に沖縄を巻き込むような真似をしないはずです。

これら憲法違反に当たるような振る舞いを今、この国の政府は恥じらいもなく始めています。私は国民の権利を侵し、堂々と「戦争のできる国」を目指す憲法改悪に反対していますが、この国の現状を見ていると、すでに憲法改悪が実行されたのではないかという錯覚さえ覚えるようになりました。

私は憲法を守る「護憲派」ではありません。「平和憲法」と呼ばれる日本国憲法は前文で、「平和を愛する諸国民の公正と信義に信頼して我らの生存と安全を保持する」と謳(うた)っています。その憲法はサンフランシスコ講和条約が発効した1952年4月28日、日本が被占領国から独立国に戻った日に発効するはずでした。しかしその同じ日に「日米安全保障条約」と「日米行政協定」も発効し、日本は米軍に守られる国になりました。つまり「平和憲法」は1分1秒たりとも実現していないのです。私は日本国憲法の前文や9条が大好きです。でも憲法を護るという前に、まずは実体化させたいと願う者です。そのためにも、目の前にある理不尽な差別や格差にも目をつぶらないつもりです。

亡くなった人が残すのは、その人が生きられなかった時間

私から見ると原発は、「差別と格差」の温床と言っていいものです。消費地のため過疎地の自治体に1基1000億円単位という多額の交付金などで原発を押し付け、事故が起きれば住民に苦難を強いるだけでなく、原発で働く作業員には過度の被曝も甘受させるなど、やりたい放題です。原発は危険なだけではなく、これらの差別と格差が横行する現場なのです。

私は平和憲法を実体化させたいと願いますし、原発の即時廃絶を主張しています。私の中で両者はコインの裏表みたいなもので、しっかりと繋がっています。

私は古希を迎え、以前にも増して遠い子孫のことを考えて生きるようになりました。

彼らに人類の存在を脅かすような原発や核のゴミを残してはいけないと、心底から思います。

第4章で、原発と戦争が地続きになっていることをお伝えしましたが、原発に反対することは、戦争をできない国にすることと表裏一体です。そしていつの日か、原発廃絶が実現した時、この国は未来の子孫に対して責任を果たせることになります。

私は、「明日死ぬかもしれない」と思って生きています。1年後の自分がどうなっているかも考えたことがありません。このような考え方になった決定的な理由は、私が次郎という子どもを亡くしたことです。その次郎が産まれて半年生きただけで逝った時、「ある時産まれて、ある時突然死ぬ。いのちとはそういうものだ」ということに、私は心底納得しました。

私が生きている間に、あるいは100年かかっても、この国の構造がガラリと変わることはないかもしれません。それでもなお私は、他の誰でもない私として、私に残された力を使おうと思います。

日本では、国を頂点とする巨大権力組織「原子力マフィア」が「原子力の平和利用」「バラ色の原子力」の夢をばらまきながら、それに抵抗する地域住民たちをブルドーザーで轢き殺すように原発を作ってきました。私は青春時代の一時期に原子力に夢をかけてしまいましたが、その私自身の愚かさに落とし前を付けなければいけないと思い、生きてきました。虐げられた人々に寄り添い、私の原子力についての専門知識を使おうとし、その時その時に必要な文章を書き、発言もしてきました。蟻が巨象に立ち向かうような闘いの中で、自分の本を書こうという余裕はありませんでした。

本書は、これまでに私が書いたもの、発言などをリリーフジャパンの編集者である吉川健一さん、相田英子さんが丹念に集め、構成くださったものです。彼らの力が本書を作ったことをここに記します。また、産学社の薗部良徳社長が厳しい出版業界の中で、出版の労を快くお引き受けくださいました。志を持って生きて下さっている人がいることをありがたく思い、彼らに感謝します。

小出裕章

2024年4月

【著者プロフィール】

小出裕章（こいで・ひろあき）

1949年、東京生まれ。工学者（原子核工学）。元京都大学原子炉実験所助教。

1968年、原子力の平和利用に夢を抱いて、東北大学工学部原子核工学科に入学。

1970年、女川原子力発電所（宮城県）建設反対の集会に参加したことをきっかけに、原発をやめさせるために原子力の研究を続けることを決意。京都大学原子炉実験所に勤務しながら、原発反対の立場から、さまざまな提言、提案を行い続ける。専門は放射線計測、原子力安全。

2015年3月、京都大学原子炉実験所を定年退職。長野県松本市に移住し、太陽エネルギーを活用する暮らしを実践中。今も原発や憲法についての講演に、全国に足を運ぶ。

主な著書に、『原発はいらない』『この国は原発事故から何を学んだのか』（いずれも幻冬舎ルネッサンス新書）、『原発と戦争を推し進める愚かな国、日本』『原発事故は終わっていない』（いずれも毎日新聞出版）、『「最悪」の核施設　六ヶ所再処理工場』（共著　集英社新書）などがある。

地震列島の原発がこの国を滅ぼす

初版1刷発行　●2024年6月25日

著　者
小出裕章

発行者
薗部良徳

発行所
㈱産学社
〒101-0051 東京都千代田区神田神保町3-10　宝栄ビル
Tel.03（6272）9313　Fax.03（3515）3660
http://sangakusha.jp/

印刷所
㈱ティーケー出版印刷

ISBN978-4-7825-3593-6 C1036